AF792190

Niklas Maak

Technophoria

Vegueta Narrativa

© F.A.Z.-Karte / Sturm

Niklas Maak (Hamburgo, 1972) estudió Historia del Arte, Arquitectura y Filosofía en Hamburgo y en París. Entre sus profesores, destacó el filósofo Jacques Derrida. Trabaja como redactor y director de la sección de arte y arquitectura del *Frankfurter Allgemeine Zeitung* y es profesor de la Städelschule de Frankfurt y la Universidad de Harvard.

Ha sido galardonado, entre otros, con los premios George F. Kennan a la Crítica Arquitectónica (2009), Henri Nannen de Periodismo (2012), Premio de la Crítica de Arquitectura de la Asociación de Arquitectos Alemanes (2015) y Premio de Ensayo Johann Heinrich Merck (2022).

Es autor de numerosas obras de no ficción, como *Der Architekt am Strand. Le Corbusier und das Geheimnis der Seeschnecke* (2010), *Fahrtenbuch. Roman eines Autos* (2011), *Wohnkomplex. Warum wir andere Häuser brauchen* (2014), *Atlas der seltsamen Häuser und ihrer Bewohner* (2016), *Durch Manhattan* (2017) y *Eine Frau und ein Mann* (2023).

Parte de las investigaciones recogidas en su obra ensayística más conocida, *Server Manifesto: Data Center Architecture and the Future of Democracy* (2022) han inspirado *Technophoria*, su primera novela, publicada en castellano por Vegueta en 2024.

Vegueta Narrativa
Colección dirigida por Eva Moll de Alba

Título original: ***Technophoria*** de Niklas Maak

© 2020 Carl Hanser Verlag GmbH & Co. KG, München
Rights negotiated through Ute Körner Literary Agent – www.uklitag.com
© Niklas Maak
© de esta edición: Vegueta Ediciones S.L., 2024
Roger de Llúria, 82, principal 1ª
08009 Barcelona
www.veguetaediciones.com
@vegueta_ediciones

Traducción del alemán: © Isabel García Adánez
Diseño de la cubierta: Maria Fígols
Diseño de la colección: Sònia Estévez
Fotografía del autor: F.A.Z.-Karte / Sturm
Fotografía de cubierta: Sunshine / stock.adobe.com
Impresión y encuadernación: Kadmos

Primera edición: octubre de 2024
ISBN: 978-84-18449-39-0
Depósito legal: B 14261-2024
IBIC: FA

La traducción de esta obra ha sido
apoyada por una beca del Goethe-Institut.

GOETHE INSTITUT

Este libro ha sido impreso en España en papel libre
de cloro, 100% procedente de bosques gestionados
de acuerdo con criterios de sostenibilidad.

Cualquier forma de reproducción, distribución, comunicación pública o transformación de esta obra solo puede ser realizada con la autorización de sus titulares, salvo excepción prevista por la ley. Diríjase a CEDRO (Centro Español de Derechos Reprográficos) si necesita fotocopiar o escanear algún fragmento de esta obra (www.conlicencia.com; 91702 19 70 / 93 272 04 45).

CEDRO

Niklas Maak

Technophoria

Traducción del alemán de Isabel García Adánez

Vegueta Narrativa

Índice

«We rise and fall together».

MISSION STATEMENT, GOOGLE ALPHABET

SIDEWALKS LABS

QATTARA

«La depresión de Qattara es una cuenca arreica y desértica situada dentro del desierto de Libia, en la gobernación de Matruh, al noroeste de Egipto. Sus dimensiones máximas son 120 km de longitud y 80 km de anchura. La única colonia habitada regularmente en la depresión de Qattara es el oasis de Qara, donde viven unas 300 personas. Además, suelen vivir en ella tribus de beduinos nómadas. En el año 1916, el geólogo Albrecht Penck tuvo la idea de construir allí una central hidroeléctrica, proyecto que despertó el asombro general, dada la absoluta falta de agua. Dado que el punto más profundo de la depresión se encuentra a 133 metros bajo el nivel del mar, cabría la posibilidad de excavar un canal de varias docenas de kilómetros para la entrada de agua desde el Mediterráneo hasta el borde norte de la depresión. El plan se ha iniciado en varias ocasiones, si bien las dificultades técnicas siempre han llevado a su cancelación».

Enciclopedia Brockhaus; entrada: «Qattara».

Octubre de 1978

Así termina, pues. Va en el asiento trasero del coche, a la derecha, igual que cuando era niño, solo que ahora viaja alguien a su lado y, al volante, un tipo al que no ha visto en su vida; lo llevan para allá, y él lleva los planos en el maletín, todo está hablado.

El coche oficial del Ministerio de Economía de la República Federal de Alemania avanza a toda velocidad por la autopista Colonia-Bonn, una colonia de nueva construcción congelada pasa volando al otro lado de las ventanillas; píceas cubiertas de escarcha, unas praderas, una señal de autopista azul, un camión sucio, conductor con la mirada fija, sin afeitar, un coche amarillo canario en el carril derecho. ¿Había un ciervo en la linde del bosque? Quizá había un ciervo en la linde del bosque. Un lago helado.

Se imagina qué vendría a continuación: lo conducirían a la sala de reuniones donde ya estaría esperando el comité de expertos, alguien de la nueva administración le daría la bienvenida, buenos días, tome asiento, permítanme que les presente a Hans-Walter Ehlen, que ahora se incorpora a nosotros. El Dr. Ehlen es ingeniero, colaborador del Instituto de Hidrología y Economía del Agua de Darmstadt, pero, lo que es más importante, también es asesor del gobierno egipcio y miembro de un equipo de investigación del citado ministerio compuesto por ochenta científicos y técnicos que han desarrollado uno de los mayores proyectos urbanísticos del mundo, a saber, la construcción de un canal para llevar agua del Mediterráneo hasta una cuenca arreica del desierto de Libia con objeto de que, allí, a 130 metros por debajo del nivel del mar, se forme el mar interior artificial más grande del mundo.

Bueno, artificial... hace mucho, mucho tiempo, aquello tampoco era un desierto, sino un enorme mar. Que en algún momento se secó. En el fondo, Ehlen no quería hacer otra cosa que reconstruir el estadio natural de la tierra en un tiempo desde el que la realidad actual de un vastísimo desierto se vería como una catástrofe inconcebible. Llevaba quince años trabajando en aquel proyecto, se había pasado cinco volando una y otra vez a El Cairo, levantándose de madrugada: se fumaba un cigarrillo frente a la puerta de su casa en tanto que llegaba el chófer para llevarlo al aeropuerto de Frankfurt, luego cinco horas de vuelo, aterrizaje con todo el calor de la primera hora de la tarde, ruido tremendo, trayecto hasta el hotel... el suelo de mármol del ministerio... días enteros en salas de reuniones con fotos de pirámides y del skyline de Nueva York en las paredes...

El estudio de viabilidad había demostrado que su proyecto se podía llevar a la práctica. Mediante el uso de explosivos, se haría un canal desde el Mediterráneo hasta la depresión de Qattara, y el agua caería hasta la cuenca a través de compuertas que generarían electricidad; claro, con el calor seco de la zona, también se evaporaría muy deprisa, de manera que se canalizaría cada vez más agua. El jefe de Ehlen, Friedrich Bassler, había demostrado que la central eléctrica de Qattara, la primera central de energía hidrosolar del mundo, podría generar, en la primera fase del proyecto, 1,6 gigavatios, y el sistema de almacenamiento por bombeo que habían proyectado llegaría a aumentar la capacidad hasta 6,8 gigavatios... mucha más electricidad que la presa de Asuán... Podría dar abastecimiento a ciudades enteras, a fábricas, y, al cabo de una década, esa parte del desierto que queda tan por debajo del nivel del mar se habría llenado, dando lugar a otro mar: se habrían inundado 18 000 kilómetros cuadrados de desierto. El canal también sería navegable por los barcos, surgirían bancos de peces, es más, el desierto de Libia se convertiría en una de las pesquerías más prósperas del mundo, miles de personas que vagaban por el desierto pasando hambre tendrían trabajo como pescadores, se desarrollaría toda una industria nueva, el norte de África emergería como región rica, como nuevo mercado en el cual también tendrían cabida los productos europeos...

Trabajaban en aquel proyecto desde 1963. Quince años... Ehlen se asomó por la ventanilla de la limusina. Allí estaba el edificio nuevo, qué bonitas las vistas a una zona verde; como todos los edificios de la República de Bonn, su instituto de investigaciones estaba oculto en el interior de un parque, al igual que la residencia del Canciller, que ni siquiera se veía desde la carretera... cuando la televisión daba la noticia de alguna reunión en la Cancillería, se veía a Helmut Schmidt en una caravana de limusinas pasando por delante de una garita para adentrarse en un parque, y así daba la sensación de que Alemania —¡qué romántico!— estaba gobernada desde un bosque.

Suena por la radio *Hiroshima* de Wishful Thinking. Helmut Schmidt felicita a Sadat y lo llama «amigo» y «hombre con visión de futuro».

A su lado, sobre la tapicería de terciopelo verde del Mercedes, lleva Ehlen el telegrama de felicitación que debe enviarle al presidente egipcio Anwar el Sadat, ahora que acaba de recibir el Premio Nobel de la Paz conjuntamente con Menahem Begin. Sadat es quien los ha contratado, se conocieron a través de Helmut Schmidt cuando este todavía era ministro de Economía. Schmidt captó enseguida lo que podría significar el proyecto de Qattara para la industria alemana; Sadat se mostró crítico, no consiguieron convencerlo del todo, el tema de las explosiones nucleares lo echaba para atrás. En fin. Pues no había otra manera de hacerlo. Y ellos no eran unos descerebrados. Un equipo de nada menos que ochenta personas calculándolo todo con total precisión durante años... Los 60 kilómetros de canal que hacían falta para inundar la depresión de Qattara no se podían excavar, y, dada la altura de la cordillera que mediaba entre esta y el mar, la dinamita común no habría de servir para mucho, con lo cual —y de esto estaba convencido Bassler—, la única opción para crear el canal era recurrir a detonaciones nucleares.

¿Cómo? Sí, sí, eso mismo. Ese era el plan de Bassler. Doscientas trece perforaciones en las que se colocarían dispositivos nucleares de 1,5 megatones cada uno y ¡pum!, en pocas semanas estaría hecho un canal estupendo. Una remodelación del planeta para mejor. Un mar en el Sáhara que contribuiría a una intensa formación de nubes... y bajo esta nueva capa de nubes reinarían temperaturas claramente más agradables, llovería sobre un suelo fértil, los desiertos reverdecerían, surgirían millones de puestos de trabajo... Ahora bien, a la gente le daba miedo la energía nuclear; la energía atómica era para ellos sinónimo de la guerra y la carrera armamentística, se había escrito que Bassler pretendía detonar «más de cien veces la bomba de Hiroshima», y la cosa sonaba a fin del mundo. La gente no se fiaba de la tecnología. Eran *enemigos de la tecnología*, sobre todo la juventud, cuando todo aquello se hacía por ellos, por su futuro... y así es como lo agradecían: manifestaciones antinucleares, pelos largos, crítica al capitalismo, comunas en el campo, maoísmo.

Su hijo. Justo unas semanas atrás había cumplido los veintiuno. Cuando tenía veintiún años él... corría 1930.

Bassler había estudiado Ingeniería Civil en Múnich, luego le había tocado servir en el ejército. En la Luftwaffe. En 1941 había sido oficial del Afrikakorps de Rommel en el desierto

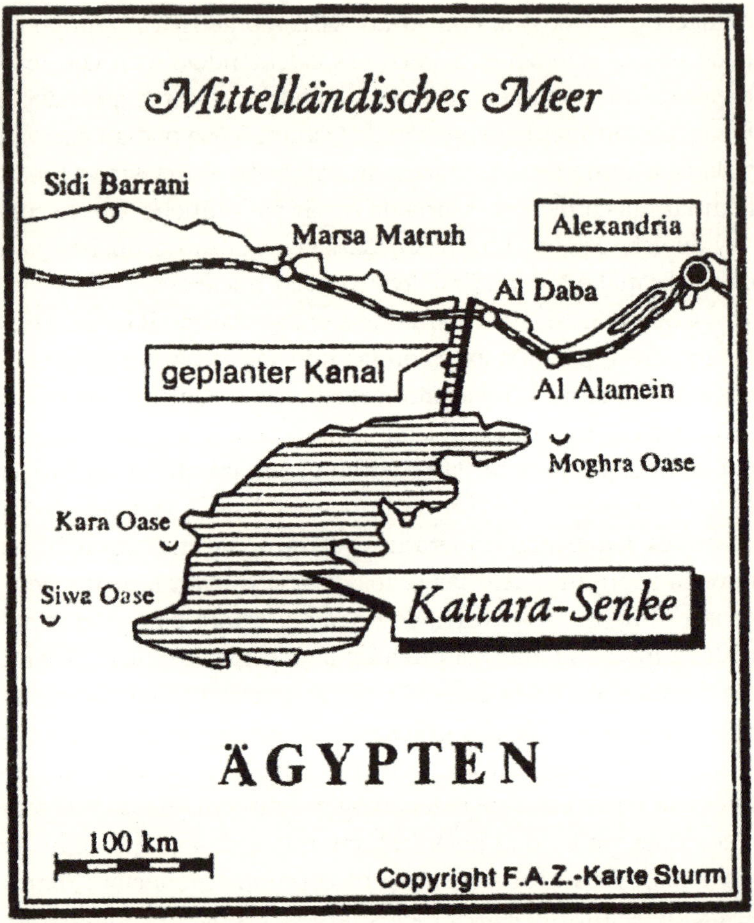

de Libia. Esa fue la primera vez que estuvo en la depresión de Qattara o, más bien, cerca de la cuenca, puesto que en realidad no se podía acceder al interior de aquel sucio socavón de dimensiones inabarcables donde ciertamente no había más que unos cuantos guepardos y los contados moradores del oasis de Qara... un interior al que ellos nunca habían llegado, porque se les hundían los tanques en la arena; de ahí que la maldita batalla tuviera lugar en la costa, al otro lado del desierto, en El Alamein. Porque allí no había por dónde avanzar. Todo aquel que hubiera visto Qattara alguna vez, la desolación y tristeza inconmensurables e infinitas de aquel desierto, sin duda celebraría la idea de inundarlo, de borrarlo del mapa. Se percibía que aquel lugar no estaba concebido para ser así, que aquel desierto era el resultado de una catástrofe cósmica, de una desertización del mundo incompatible con la vida y contrario a toda idea de creación, que la inundación repararía el plan originario para la Tierra... Los franceses ya habían soñado con un canal a finales del siglo XIX, al hijo de Julio Verne le dieron las fantasías para una novela entera, *La invasión del mar*, que luego publicó con el nombre de su padre, con la única diferencia de que, en la novela, es un terremoto lo que hace que el mar invada el desierto, ahorrándoles la tarea a los ingenieros. Luego quisieron construir un canal los ingleses, y hasta la CIA aconsejó al presidente Eisenhower inundar Qattara, en su despacho guardaban una carta: la inundación sería «espectacular y pacífica» y cambiaría sustancialmente el clima de los años venideros —ponía—, y durante la fase de construcción crearía «puestos de trabajo y después espacio vital para los árabes de Palestina», y también incrementaría el nivel de bienestar, así como el gusto por consumir de una amplia franja de la clase media «paliando la influencia de los soviéticos en la región».

Los soviéticos... Sentado al lado de Ehlen, como plegado sobre sí mismo, va un tipo joven y flaco, con el pelo un poco largo y la boca ligeramente abierta, con pelusilla por bigote. Ehlen no terminaba de entender qué se le había perdido allí y por qué tenía que ir con ellos; sea como fuere, trabajaba para uno de los colaboradores del nuevo ministro de economía.

El flaco saca de su maletín de cuero un documento, un expediente confidencial. En la fotografía se ve un lago redondo en medio de una especie de estepa. Ehlen, sin decir nada, parpadea asomado a la ventanilla. El Mercedes adelanta a un camión cuyas ruedas le devuelven un chorro de agua sucia directo a la luna delantera que los enloquecidos limpiaparabrisas no hacen sino esparcir más aún; por un momento, el vehículo va en vuelo ciego y con la luz de frente, a toda pastilla. La aguja del acelerador tiembla al alcanzar los 160 kilómetros por hora; al zumbido del viento contra el coche se le suma el gañido del agua del limpiaparabrisas.

—Aquí —dice el flaco, dando con el índice en la foto—. En pocas semanas saldrá esto en el *Spiegel*, de algún modo han conseguido la información, y ya nos han hecho una serie de preguntas. No tiene buena pinta, ¿verdad?

Ehlen abre el expediente. Un archivador de cartón gris. Sección 38/2.

Cierto: lo que se ve en la foto buena pinta *no tiene*.

No tenía buena pinta porque los rusos no habían hecho las cosas bien. Eso era que pasaba. La idea en sí no planteaba problema alguno. Eran ellos los torpes que no habían sabido llevarla a la práctica. Habían hecho el intento y la habían pifiado. Habían tratado de conectar los ríos siberianos Ob, Irtish y Yennisej, que por naturaleza desembocan en el océano Glacial Ártico, con el Pechora, el Víchegda y el Dviná Septentrional y que así confluyesen con el Volga para desembocar el mar Caspio, donde venían realmente bien unos millones de hectáreas de superficie agraria, mientras que en Siberia sobraban los pantanos; pero, claro, lo mismo que en Qattara, los rusos no sabían *cómo* hacer las cosas. Dos años atrás, en el Congreso del Partido Comunista de la URSS, Kosiguin había dispuesto que los ríos no solo se conectasen entre sí, sino que también se redirigiesen las aguas del norte hacia el sur, pero como todo eso no se podía llevar a cabo usando excavadoras, los soviéticos se habían saltado el acuerdo de prohibición de pruebas nucleares sobre la superficie terrestre y habían realizado detonaciones... que, sin embargo, no habían servido para desviar el río, sino para abrir un inmenso cráter redondo que no había tardado en llenarse de agua.

—Problema —dice el flaco, dando con el índice en la foto.

—¡Por diosss, los rusos! —dice Ehlen—, es que no saben hacer las cosas, no hay más. Y cuando no se saben hacer las cosas, pues claro, sí, es un problema.

La limusina llega a la entrada principal del Ministerio de Economía; a través de la ventanilla, Ehlen ve el tejado negro a cuatro aguas, con sus grandes mansardas y sus gruesas ventanas de madera. Cuando Friedrichs aún era ministro de Economía, sabía que su proyecto contaba con todo el apoyo, pero después de que la R.A.F. asesinara a Ponto, había optado por ocupar su puesto en la presidencia el Dresdner Bank, llevándose a sus mejores colaboradores, y ahora era ministro Lambsdorff, quien había hecho lo que había querido con la gente de su predecesor, y así pasaban cosas como tener a tipos como aquel flaco paliducho poniendo caras de bobo y preguntando bobadas.

Ehlen entra en la sala de reuniones: paredes paneladas en madera oscura, sillones con tapicería verde, iluminación de tubos de neón con embellecedores de rejilla metálica, secretaria que sirve cafés. Saludos de rigor, corbatas beige, ceniceros de cristal tallado, las típicas pastitas resecas con pegote central de mermelada con los bordes curvados hacia arriba, primera pregunta estúpida: eso que ha pasado en Rusia qué es.

Ehlen:

—Incompetencia. A nosotros no nos pasaría.

Segunda pregunta estúpida: por lo que leemos aquí... (*pasa hojas, pasa, pasa*, cigarrillo a la boca un momento, mano con el cigarrillo al cenicero, *pasa más, pasa más*), por lo que leemos de que el plan comprende realizar doscientas trece (pausa dramática), repito: doscientas trece *detonaciones nucleares* que, para más datos, es obvio que *no* se realizarían en mitad de ese desierto donde no hay ni un alma, sino por el camino que lleva allí, a través de un territorio montañoso y altamente poblado... sería necesario evacuar, reubicar a muchos miles de personas, ¿o no? ¿Dónde estaba presupuestado eso?

Ehlen:

—En sus documentos, sección 32ª, subsección II: evacuación de unas veinticinco mil personas. A la vista de la magnitud histórica del proyecto, un gasto asumible. La detonación nuclear acortaría la fase de construcción de un modo muy considerable, con lo cual también se reducirían los costes de evacuación y las inconveniencias para la población local.

Pregunta estúpida número tres, planteada por un tipo con bigote y rizos de permanente: el tema de la radiactividad. Después de todo, se hablaba de explosiones de una potencia equivalente a cien veces la bomba de Hiroshima, que había causado daños muy considerables a la población, una radiación a menudo mortal...

—¡Claro, porque se hizo en superficie! —interrumpe Ehlen indignado—. Estamos hablando de *detonaciones subterráneas* cuyas consecuencias obviamente también se producirían en su mayor parte bajo tierra. El agua potable contendría yodo durante un tiempo. A ese respecto...

En el exterior, al otro lado de los cristales de espejo marronáceo del ventanal, unas nubes se mueven por delante del sol de finales del otoño. Ehlen cierra los ojos y se acuerda de El Alamein, a veces aparece en sus sueños; el fragor de los bombarderos Junkers con los que atacaban las posiciones británicas, el vacío del desierto por las noches, sin nada de luz, las nubes de arena, las tormentas de arena... por encima del mar de Qattara no volverían a formarse ese tipo de tormentas, o en todo caso serían mucho menores. Nadie sabía muy bien qué haría el clima en realidad, aunque, por otra parte, los meteorólogos del equipo —dos caballeros pálidos que, cuando no estaban hablando, se quedaban sentados y alargaban mucho el cuello hacia adelante, como si eso les permitiera arrancarle al futuro informaciones secretas que este no quería revelar— habían confirmado que el clima cambiaría a mejor, pues el tórrido calor ecuatorial daría paso, sobre todo, a temperaturas suavemente centroeuropeas.

Él no compartía el optimismo con que se había valorado el tema de la radiación, discursea el joven ingeniero, y para dar más peso a sus argumentos se ha puesto unas enormes gafas de pasta, aparte de meterse por detrás de las orejas, con los respectivos dedos índices y pulgares, el pelo que le enmarcaba la cara como unas cortinas. Además, había que tratar también la cuestión del peligro de erosión de las costas debido a la alteración de las corrientes marinas, que se verían afectadas incluso a gran distancia del lugar... El peso de las gafas parece obstruirle el paso del aire en la puntiaguda nariz, porque de pronto le sale una voz nasal que a Ehlen le recuerda a algún personaje de dibujos animados de Disney. Ridículo. Menudo personajucho. Personajucho que está echando por tierra el trabajo de toda su vida.

En aquella pantomima de dudas y reticencias entra ahora en escena una bióloga y pone en duda que la depresión de Qattara, contradiciendo lo que asegura Ehlen, esté «deshabitada». Todo lo contrario: constituye un hábitat esencial para guepardos en peligro de extinción, así como para las especies que son sus presas, la *gazella dorcas* y la *gazella leptoceros*, y que también las salinas, los palmerales naturales, matorrales y arbustedos de la zona suroeste de la cuenca son un biotopo fundamental para las liebres de El Cabo, los lobos dorados africanos y los zorros de Rüppeli.

—¡Pues nada, mujer, ya le haremos un arca de Noé para sus tres liebres y sus zorritos! —interrumpe Ehlen levantando la voz.

Pero nadie se ríe. Es evidente que la cosa no está yendo bien.

También él tenía una pregunta, interviene un hasta ahora callado tipo con patillas. Reconoce su buena disposición hacia el proyecto, en principio. Pero, claro, como geólogo no puede evitar interesarse por la repercusión que podrían tener doscientas trece detonaciones nucleares subterráneas en la Gran Grieta de África, que no queda nada lejos, y, sobre todo, en la grieta del mar Rojo, que todavía no es nada estable en términos tectónicos; porque, si esa grieta que no en vano se denomina así, realmente...

—Está a una distancia más que suficiente —se defiende Ehlen.

—Sí, ya, pero *cien veces* Hiroshima... —insiste el otro.

Ehlen, muy colorado, se pone a dar puñetazos en la mesa, y agita el dedo índice en el aire hablando de cobardía ñoña y falta de conocimientos sobre la materia y, por consiguiente, de miedo a la tecnología, y recuerda que todas las culturas que, en algún momento, dejaron de confiar en sus capacidades tecnológicas acabaron hundiéndose, y que un rechazo de la tecnología motivado por el desconocimiento es *el peor de los males de toda sociedad moderna*. Al joven ingeniero se le desencajan las gafas como si Ehlen le hubiera dado el puñetazo a él. Los ceniceros de cristal tiemblan a cada golpe.

Un año más tarde, poco después de una entretenida reunión del Consejo de Ministros en la que el canciller federal Helmut Schmidt acaba lanzándoles a la cabeza a varios miembros de su gabinete las manzanas de un cuenco que parece preparado para tal fin, se cancela también el proyecto de Qattara debido a la falta de apoyo por parte del gobierno de Egipto; y nadie vuelve a hablar de él en cuarenta años.

Octubre de 2019

En octubre de 2019 se presenta en la oficina del empresario Elon Musk una delegación egipcia. Los recibe Musk en persona. La delegación le expone el motivo de su visita: desean inundar una parte del desierto con agua del Mediterráneo. Para ello necesitan una perforadora como la que había desarrollado la Boring Company de Musk para construir los túneles subterráneos de Los Ángeles. Habría que perforar unos 60 kilómetros de cordillera. Pero, luego, la tromba de agua que pasara por allí podría accionar turbinas gigantes y producir ingentes cantidades de electricidad. Junto con las nuevas placas solares del proyecto Desertec del oeste del Sáhara, el norte de África estaría en disposición de producir más energía que ninguna otra región del mundo. Además, el nuevo mar que habría de formarse cambiaría el clima de forma radical: donde ahora había desiertos con una temperatura imposible, crecerían campos verdes. Llovería con frecuencia. Surgirían ciudades nuevas. Fábricas, alimentadas por energía solar de la zona caliente del Sáhara. En el fondo del nuevo mar se instalarían granjas de servidores que enfriaría la propia agua. Así se enfriaría también la parte más caliente del norte de África, toda esa región donde el cambio climático pronto daría lugar a unas temperaturas que, a menos que se hiciera algo, llevarían a que la gente la abandonara para no morir de un golpe de calor; es más, la zona se convertiría en un lugar apetecible para vivir. Así podría cesar la migración hacia Europa... incluso cabía esperar lo contrario, el flujo de profesionales europeos hacia el norte de África. Además, el nuevo mar compensaría la subida del nivel de los océanos en el resto del mundo: gracias a la inundación de las depresiones de Qattara y Danakil en Etiopía, bajaría unos cuantos pies, con lo cual ya no correrían peligro Nueva York, Ámsterdam y Londres, como tampoco las Maldivas y Bombay. En suma, el cambio climático no tendría apenas repercusión en el nivel de los océanos. Dicho de otra manera: esas aguas cuya fatal subida era considerada por tanta gente como el castigo inevitable e irremediable por doscientos años de Antropoceno se reconducirían hacia las cuencas del desierto y listo. ¡Resuelto el problema del cambio climático!

Qattara sería el corazón de una de las regiones económicamente más boyantes del mundo y abarcaría desde la costa atlántica de Marruecos hasta Egipto; el fulgurante incremento de los ingresos medios pondría fin al terrorismo.

En Marruecos y Argelia se establecerían industrias intensivas en energía que serían abastecidas por la mayor central de energía solar del Sáhara; en Libia y Egipto, sería el propio el mar de Qattara lo que atraería la riqueza. La alta evaporación en esas costas crearía un clima agradable, con bastante lluvia, los campos siempre estarían envueltos en una fina niebla brumosa.

Musk estaba emocionado; las dimensiones del proyecto que le presentaban le gustaron. Los nuevos puertos podrían estar completamente digitalizados, África podría albergar las ciudades más modernas del mundo, con edificios inteligentes y coches sin conductor... en el Sáhara podría crearse una base para los cohetes que irían a Marte, y entonces África sería el centro de un nuevo mundo, tal vez intergaláctico a corto plazo. Los delegados egipcios asintieron con la cabeza muy cortésmente: bueno sí, pero lo primero era la perforadora.

Al cabo de pocas semanas se firmaba un contrato con un consorcio franco-británico que ya se había ocupado de la construcción del túnel del canal de la Manga; una empresa alemana planificaría instalaciones industriales y ciudades inteligentes en las orillas del nuevo mar.

¿Pero qué pasó después; y cómo empezó?

PILOTO

Se fue la luz, así empezó todo.

Todo empezó yéndose la luz en el edificio piloto. Alguno de los sistemas de seguridad se puso a pitar. Turek dio un manotazo a un punto de la pared donde suponía que estaba el interruptor, tropezó con algo duro que salió volando con un ruido bastante feo, se dio con la rodilla contra una mesita auxiliar que no recordaba en aquella posición y desde la cual fueron a parar al suelo una serie de cosas, entre ellas un pesado libro de fotografías que le cayó delante de los pies y le hizo un corte en el empeine al desplazársele la camisa de papel de alto brillo. De camino hacia la ventana le dio una patada a una lata que rodaba por ahí y, por fin, llegó a tocar la tela rústica de la cortina. Aún no había amanecido. Apretó la cara contra el cristal cubierto de vaho, dio un paso atrás, contempló la huella de su cara, que le recordó a una calavera con una claridad inquietante, se apresuró a borrar el rostro húmedo del fantasma y se asomó a la penumbra: encontró el humo blanco de una planta incineradora de residuos, la sirena de un camión solitario, la naturaleza congelada en negro de un lago en plena noche, planchas de hielo sobre arena gélida.

Lo llamaban «edificio piloto», aunque tampoco parecía ser de muy altos vuelos; en él celebraban días de puertas abiertas en los que se podían visitar algunos de los pisos, y entonces su compañera Sara hablaba con las máquinas de café interactivas y pedía a los chatbots que contasen la cantidad de energía que ahorraba una *smart city* como aquella y cómo allí la seguridad era muchísimo mayor... y ella sonreía henchida de felicidad mientras lo explicaba, y los visitantes se quedaban con la boca abierta; algunos era evidente que ya se imaginaban una vida en aquellas habitaciones y se visualizaban tumbados en los sofás bajos de tela del salón, con un bot preparándoles un café que luego les traería otro robot chiquitín, una especie de mesita de café con ojos. La gente mayor miraba a Sara como si hubiesen hecho una nueva amiga, se conmovían de verdad en tanto que ella los guiaba por aquel piso piloto, pidiéndoles con ampulosos gestos que pasaran para acá o para allá, poniéndoles una mano en el hombro para encarrilarlos hacia otra estancia o bien dejarlos quietos frente a las acuarelas de la nueva ciudad, que mostraban a niños y abuelas montando en bici o jugando o tumbados al sol, gracias a que los robots se ocuparían de todo el trabajo pesado.

Al final aplaudían a Sara; había que reconocer que era un talento natural.

¿No había algo esotérico en ella? A lo mejor sí. En sus vacaciones, viajaba a Goa y hacía *beach yoga* en Agonda, a veces posteaba en Instagram fotos suyas en el desierto (*Shift the energy of every single cell in you towards the great axis of life and happiness. Joining in for yoga mornings, sadhana and lots of cuddles!*). A veces posteaba fotos sosteniendo una nota en la que se leía que estaba del lado de los indios huaoranis (*Solving our climate crisis means keeping the oil in the Ground*). El gran eje...

Turek buscó su Apple Watch. No sabía dónde lo había dejado... Una costumbre tonta la de quitarse el reloj para dormir, porque, claro, se lo tenía que dejar puesto para que por la mañana pudiera decirle cómo había dormido; la *app* para medir la frecuencia cardiaca que le habían instalado y que estaba conectada directamente con Urgencias —como también daría aviso inmediato al seguro— tenía que estar en contacto directo con la piel. Era tan fácil como activar el modo avión para que no lo despertasen los mensajes entrantes o, cosa mucho peor, para no enviar él algún mensaje sin querer, pero Turek no podía dormir con un chisme en la muñeca, y se iba a tener que acostumbrar, pues, según le había explicado Driessen, no quedaba nada bien tener un Apple Watch y ser el único miembro del proyecto que no generaba datos de sueño. Datos de sueño... Turek parpadeó para habituarse a la oscuridad del cuarto. Se palpó el pie. El papel le había dejado un corte recto y limpio, y, cuando se llevó el dedo a los labios, notó el sabor a sangre.

—Alexa, qué pasa con la luz —exclamó para la oscuridad de su piso.

Debajo de la mesita auxiliar se encendió un anillo azul. El chatbot todavía tenía carga, estaba enchufado al portátil, por eso. Turek aguzó el oído. Alexa siempre respondía con un desfase de un segundo y lo que decía entonces sonaba como si acabase de aprender a hablar, como si no supiera cómo se acentúan las palabras, pero Turek se había acostumbrado a ella, es más, le gustaba que le respondiera en aquel lenguaje suyo, haciendo patente que le hablaba desde el mundo de los objetos...

Sin embargo, lo que se oyó entonces, en la oscuridad de una mañana de invierno, llamaba al desasosiego. Ya no tenía nada que ver con lo que podría haberse denominado voz. Ya no sonaba humano, sino como unas carcajadas enloquecidas, Alexa había perdido la voz, graznaba como un espíritu sacudido por los demonios, *chrrraajjj* —hacía— y se le encendieron dos puntitos rojos como unos ojillos malignos... *Chjjjjrrr...*

—Alexa —repitió Turek.

—*Kkkjjjaajjj* —graznó aquello.

En lugar de una respuesta era un estrépito metálico lo que salía del altavoz, que debía de haber sufrido un golpe fatal al caerse al suelo, un sonido como si se hubiera escondido debajo de la mesa un animal rabioso, agresivo, que fuese a saltarle a la yugular en cualquier momento... Turek sintió un escalofrío. Obviamente, era un disparate. Nada iba a saltarle a la yugular. Por otra parte, tampoco es precisamente inofensivo un chatbot medio averiado que bufa como un poseso y registra todos los sonidos de una vivienda y, precisamente *porque* está medio averiado, quizá interpreta mal los sonidos y quizá pide cosas que nadie tenía intención de pedir y envía mensajes que nadie tenía intención de enviar... «Un aparato que ya no puede articular su lenguaje —pensó Turek— es muy probable que ya tampoco entienda lo que le digo». A lo mejor iba desencaminado al creer que el Deep Learning es la infinita sucesión de casualidades y errores de interpretación que podría, en su mayor parte, guiar la vida, interrumpiéndola y ocupándose de establecer el orden y la comprensión profunda, pero qué le iba a hacer si era su trabajo vender toda aquella parafernalia como el futuro de la ciudad, después de todo era lobista jefe, director de relaciones públicas... Cuando le preguntaban a qué se dedicaba, decía que al Business Development. Eso a la gente no le decía nada, pero no dejaban de asentir con la cabeza, satisfechos; a fin de cuentas, sonaba a un trabajo de los de ganar un buen sueldo.

En realidad era arquitecto, pero ya no lo mencionaba. Ninguno de cuantos trabajaban con él sabía nada de su pasado. ¿Tenía padres, hermanos, hermanas, tenía amigos? Casado no estaba. No tenía hijos.

Alexa emitía un rugido confuso y recalentado. La sangre de la herida del pie derecho de Turek iba calando en la alfombra de pelo alto. Por un instante pensó en arrojar por la ventana el cacharro escacharrado, pero se acordó de que las ventanas no se podían abrir. Metió en la nevera lo que quedaba de Alexa, con sus pilotitos parpadeantes y sus ruidos raros, y cerró la pesada puerta con ella dentro. Entonces sí se hizo un silencio profundo. Bien.

Respiración honda.

Ya está.

Turek abrió el portátil para buscar el número de emergencias. Una fría luz azul iluminó el cuarto, transformándolo en un extraño mundo submarino en el que los objetos flotaban como a la deriva. La pantalla del Apple Watch mostraba una zanahoria blanca sobre fondo azul («Recordatorio: tomar una comida sana»). La zanahoria dejó paso a otra imagen. «Llama a tus sentidos a la calma, presta atención a tu cuerpo y relájate. Minutos de relajación: 3 minutos». Turek meneó la cabeza y se asomó por la ventana. Al otro lado del cristal: tormenta de nieve, copos blancos sobre fondo negro. «Llama a tus sentidos a la calma», menuda gili... En cuanto vuelva la luz...

—¿Oiga? Sí. De acuerdo.

El servicio de emergencias está en camino.

En teoría se podía restablecer la luz de la casa a través del móvil. Turek se quedó mirando fijamente el iPhone, su cara se reflejaba en la pantalla negra, estaba un tanto desmadejado después de la noche; para ser exactos, desmadejado hasta el punto de que el sistema de reconocimiento facial no lo reconoció. El teléfono le pidió marcar el pin y Turek marcó algo que no era; algún algoritmo determinó que era necesario preguntarle si era un robot, así que su propio móvil, el que ya había sido incapaz de reconocer su cara, le preguntó: «¿Eres un robot?». Turek pulsó el *NO* de la pantalla, y el teléfono exigió pruebas que lo corroborasen resolviendo un test de nueve cuadraditos con imágenes. «Prueba que no eres un robot».

—¡Un robot me exige que pruebe que no soy un robot! —despotricaba Turek en la negrura de un amanecer de invierno sin luz, pero tocó obedientemente todos aquellos cuadraditos en los que aparecía un paso de cebra. Apareció un segundo grupo de imágenes junto con la orden de marcar todas aquellas en las que se vieran semáforos.

Le dio a los semáforos. Otra tabla, otras nueve imágenes: ahora, a marcar todas las farolas. Al parecer, al pérfido algoritmo le divertía poner a prueba los límites de su capacidad de sufrimiento. ¿Cuánta gente había estampado su móvil contra una pared por culpa de aquellos cuadraditos del test, y luego se había tenido que comprar uno nuevo? El iWatch indicó un fuerte incremento de la frecuencia cardiaca y le aconsejó «Relajación». Al mismo tiempo sonaron en el móvil las notificaciones de cinco mensajes entrantes, todos seguidos, como si la campanita se hubiera vuelto loca, un bombardeo de campanitas que a Turek le recordó a un tranvía: *pingpingpingpingping...*

Seis mensajes de Sara.

Primer mensaje:

Hi, T!

Nuevo mensaje:

Nos vemos hoy?

Nuevo mensaje:

He tenido una superidea.

Nuevo mensaje:

¿Te llamo?

Nuevo mensaje:

Carita amarilla hablando por teléfono.

Nuevo mensaje:

Taza de café humeante.

Turek era de una generación que redactaba los mensajes como si fueran cartas: con su fórmula de saludo, luego diciendo todo lo que tenía que decir y, al final, su fórmula de despedida y el nombre; Sara, que era diez años más joven, claramente había pasado ya a la fase de enviar en tiempo real cuanto se le pasaba por la cabeza, aunque fueran frases a medias, de manera que también el receptor participase en vivo de todos los pasos ulteriores hasta completar el mensaje.

Turek se puso a leer sus *mails*. Mientras fuera posible leer el correo, el mundo seguía más o menos en orden. Una catedrática de Interacción Multimodal Hombre-Máquina de la Universidad de Augsburgo lo invitaba a unas jornadas. Ralf Kleber, jefe de Amazon Alemania, no le había contestado, pero, a cambio, le escribía un compañero del laboratorio de investigación en tecnología háptica. Driessen preguntaba si ya tenían todo listo para la presentación. Sara había respondido que sí, y preguntaba si después de la presentación saldrían de copas (emojis acompañantes: jarritas de cerveza chocando, carita amarilla guiñando el ojo con gesto idiota, botella de champán). Respuesta de Driessen: «encantadísimo» (pulgar en alto en tono amarillo fuerte, signo de admiración). El jefe de la empresa de mediana edad enviando pulgares en alto amarillos a subordinada veinte años más joven... Turek intentó abrir la puerta de la terraza, pero también ese mecanismo estaba estropeado y allí ya no tenían picaportes para la apertura manual, solo un martillito para romper el cristal en caso de emergencia. Una última orden previa al apagón debía de ser la causa de que la fachada hubiese cambiado los cristales al modo semiopaco, lo que en realidad era una función destinada a reducir electrónicamente la entrada de los rayos del sol, y ahora se veía el edificio como envuelto en un celofán de brillo oleoso que recordaba a los pollos inflados de hormonas del supermercado. Turek se llevó la pantalla fría del iPhone a la rodilla para aliviarse el dolor del golpe, respiró hondo y decidió salir por la puerta. En la calle reinaba un aire límpido y frío. Debía de haber saltado algún diferencial que emitía una especie de gemido que nadie escuchaba. Eran poco más de las ocho de la mañana y seguía sin hacerse de día. Encendió un cigarrillo y marcó el número de Aura.

***

Aura estaba en la oficina, en el octavo piso de un edificio de nueva construcción. Llevaba auriculares con micrófono; desde lejos se la habría podido tomar por una piloto de helicóptero. Otra compañera, madre soltera como ella, la saludó con un cansado gesto de asentir con la cabeza.

Aura escuchaba grabaciones de asistentes virtuales anonimizadas, en eso consistía su trabajo allí, durante cuatro o cinco horas diarias. Marcaba palabras que el sistema no había reconocido para que luego los programadores lingüísticos pudieran enseñar a la máquina. Escuchaba voces de desconocidos que, por ejemplo, querían consultar su cuenta bancaria y obtenían por respuesta la oferta de un vuelo a Ankara. *Repito: ¿Desea reservar un vuelo a Ankara?* En cada turno se analizaban quinientos segmentos de conversaciones, todos anónimos, eso era legal, los usuarios de los asistentes virtuales habían firmado el permiso para que analizasen sus llamadas con el fin de «entrenar a los sistemas de reconocimiento de voz y comprensión de los lenguajes naturales», así figuraba en el contrato. Ahora bien, la gente pensaba que sería algún tipo de inteligencia artificial la que analizase esas frases. Pero no era el caso. Lo hacían personas, por ejemplo, Aura. Sin haber descansado bien ella misma durante la noche, escuchaba aquellas voces cansinas, deprimidas, rotas, o muertas de risa. Voces viejísimas y como papel de lija. Respiraciones espesas, pesadas. Vocecillas escuálidas. Vozarrones. Voces que daban ganas de conocer a la persona y voces que daban pesadillas. Niños que soltaban pedorretas y chillidos. Gritos, susurros. Voces llorando, ahogadas. Borrachos que ya no acertaban a pronunciar ni una consonante.

Aura empezaba a escuchar las grabaciones a primerísima hora de la mañana, trabajaba hasta el mediodía, luego se compraba un café en un Starbucks y se iba a su instituto de investigación para seguir trabajando en su tesis. Había aceptado aquel empleo de turno tan tempranero porque lo que ganaba en el Instituto de Antropología Evolucionista no le alcanzaba; una investigación sobre las alteraciones del comportamiento de los gorilas de las montañas Virunga como efecto de la presencia humana no alcanza para criar a un niño. Para pagar el alquiler llegaba justito y, claro, para los precios desorbitados del supermercado ecológico no bastaba ni en broma. Su hijo tenía cuatro años. Se llamaba Louis.

Iba a la guardería que había en la misma planta baja de la casa donde vivían, en un piso de dos habitaciones que daba al patio. A ella le habría gustado más algo que diese a la calle, con su balcón para tomarse el café al sol por las mañanas, pero no le llegaba el dinero, así que nada de balcón, y el café tenía que tomárselo junto a la ventana con vistas al patio. En los bajos del edificio había una cafetería y un supermercado bio. La zona estaba considerada como una de las mejores del barrio, aunque no debía de ser por el aspecto de la guardería, una sala mal ventilada, pintada de colorines con pintura de dedos, con un tubo de neón cimbreante colgado en mitad del techo, bañando con una luz inmisericorde una caja de juguetes volcada en el suelo con muy poco cariño: un coche de policía ruedas arriba, dos policías sin cabeza, un pirata con pata de palo de plástico, un elefante al que solo le quedaba un ojo. Piezas de Lego pegajosas (¿zumo de manzana?). Un castillo medieval. Al fondo, dos niños pegándose. En la parte más próxima a la entrada, una niña llorando y otra niña consolándola. La educadora fumándose un pitillo en la puerta, en la acera, antes del círculo matutino. Todas las mañanas igual.

¿Por qué llevaba a su niño a aquel tugurio todas las mañanas? ¿Por qué aquel niño que olía a champú de bebé y se metía en su cama por las noches con su osito despeluchado bajo el brazo y al que, por las mañanas, cuando se despertaba, se le iluminaba la cara de alegría y exclamaba «¡mamá!» como si fuera toda una sorpresa encontrarla a su lado... por qué aquel niño, que era lo que ella más quería en el mundo, tenía que quedarse allí guardado con los policías descabezados en un antro con luz de neón y olor a tigre de donde salía ocho horas más tarde, lleno de arañazos de los otros niños? ¿Porque no tenían abuela? ¿Porque sus amigas también tenían que trabajar? ¿No podría ella trabajar en casa, y que Louis jugara debajo de su escritorio y en el patio con los demás niños? Es que no había más niños. Los demás niños también estaban en la guardería, incluso aquellos cuyos padres y madres dedicaban la mañana a jugar al tenis o hacer yoga, como los del amiguito de Louis, Yannis, que jugaba con él al fútbol en el club y vivía en una villa en el oeste de la ciudad.

Los padres de Yannis tenían jardinero y una cocinera filipina que se llamaba Destiny y una señora de la limpieza polaca. A la polaca le habían regalado el coche que la madre de Yannis ya no necesitaba, un Mini descapotable de cuatro años junto al que Aura aparcaba su viejo Renault cuando iba a recoger a Louis a casa del amiguito. A veces, el jardinero le hacía a Yannis salchichas en una fogata de hojarasca en el jardín. A veces ponía en marcha el soplador de hojas y así empujaba el velero de juguete de Yannis por el estanque de las carpas (reproducción de un yate de los años treinta, sección de juguetes de los grandes almacenes KaDeWe, 328 euros). En invierno, siempre le amarraba a Yannis un trineo al coche de golf con tracción integral que utilizaban para transportar los residuos del jardín. «Es una locura la cantidad de cosas que se les ocurren a estos dos», decía la madre de Yannis conmovida, mientras enrollaba su colchoneta de yoga en la terraza y se tiraba de la goma del pelo para soltarse las ondas abiertas de su rubísima melena de 195 euros de Shan Rahimkan al tiempo que Destiny le servía un té blanco de una zona recóndita del Himalaya y la hermana mayor, Luisa, tocaba la sonata *Claro de Luna* en el Steinway del cuarto de música y las cámaras de videovigilancia del jardín meneaban sus cabecitas de un solo ojo todas al compás, pues el papá de Yannis, con su moreno de campo de golf (puesto once en el Iron Man de hacía tres años), subía por la ampulosa escalinata con paso de deportista, daba unas palmaditas en la cabeza a su hijo y le entregaba a su amada esposa un ejemplar firmado del nuevo libro de Roland Berger («Para la mujer más bella del mundo»). La única perturbación de aquel idilio la causaba el hermano mayor de Yannis, quien, con las ventanas abiertas para que lo oyese todo el mundo, hacía flexiones en su cuarto al ritmo de los atronadores bajos del rap *Kokain*, de Bonez MC. La última vez que habían vuelto de aquella casa en el Renault, Louis había dicho que de mayor quería ser jardinero, y luego se había quedado dormido, y Aura, mientras caían los últimos rayos del descolorido sol de Berlín entre una mezcla de nubes y contaminación, había tomado la determinación de que algo tenía que cambiar... Y eso mismo estaba pensando aquella mañana mientras, medio ausente, escuchaba las grabaciones de las llamadas a bots de los servicios más variopintos, una maraña de órdenes de pedido murmuradas o ladradas. También su hijo tenía derecho a una caja de Lego de las grandes. Igual el jardín con jardinero y cochecito de golf con tracción integral y el té del Himalaya y el maromo golfista superbronceado con libro «para la mujer más bella del mundo» no hacían falta. Pero un bosque, sí. Praderas. Una casa en la que por las mañanas se pudiera tomar el café al sol, una casa como la que se había comprado hacía no mucho y por no tanto dinero un amigo suyo en un pueblo de Francia, donde ahora vivía como pastor (Aura no terminaba de explicarse cómo, pues tampoco es que el hombre hubiese mostrado nunca el más mínimo interés por las ovejas, pero bueno, él sabría). Con vecinos majos. Policías descabezados, nunca más.

Dos llamadas perdidas: Turek. ¿Qué querría Turek?

Lo había conocido en casa de una amiga. Sentado en un sofá de Ikea como quien no está acostumbrado a ello pero mantiene el tipo, más o menos como los padres cuando se tienen que sentar en las sillas de los niños en las reuniones del cole. Era algo más joven que ella. Trabajaba para Alexander Driessen, CEO de una *start-up* que desarrollaba tecnología para nuevas ciudades. Hablaba de robots casi con ternura, como de una tribu exótica. Turek le pareció rarito, pero le hizo tilín. Esas cosas pasan, ¿no? He aquí.

Aura pensó en el cuarto de su hijo. Tampoco podía decirse que ella fuera pobre. Tenían todos los muñecos de La Patrulla Canina (a 19,90 euros) y otros cinco peluches de Steiff (que cuestan 90 euros o por ahí). Pijama de Batman. Deportivas nuevas. En la cocina: pepinos ecológicos, muesli bio, pan de aceitunas, mantequilla salada de Francia, un vino tinto abierto meses atrás. Aún no se había hecho de día. Se miró en el cristal. La imagen que vio tenía cara de cansada, pero lo cierto es que estaba bastante bien. Alguna arruguilla, pero ¿qué más? ¿Acaso no era la adorada «criatura maravillosa» a la que sus padres siempre decían (y que su hijo, a su manera, lo mismo):

de verdad que eres lo más estupendísimo que ha visto este mundo, conseguirás todo lo que te propongas, estamos tan tremendamente orgullosos de ti? ¿Quién era, a ver? Pues ella.

***

Naturalmente que Turek no se llamaba Turek a secas. Tenía nombre de pila, como todo el mundo. Ese nombre de pila era Valdemar. Ese era el nombre que aparecía en su documento de identidad. No había nadie de su edad que se llamase Valdemar. Su madre se lo había puesto porque le sonaba a valle de mar, «val de mar». Lo que le venía a la mente a Turek cuando oía el nombre de Valdemar era más bien algún viejo danés zarrapastroso y con perilla; siempre que podía, omitía su nombre de pila. Así pues, con el tiempo, todo el mundo lo llamaba por el apellido.

Había estudiado Arquitectura y hecho algunos pinitos artísticos. En sus tiempos universitarios recorría la ciudad en un Saab viejo de color azul claro, lleno de basurillas y maquetas de cartón, y como nunca lo vaciaba solo había que asomarse al maletero por el parabrisas de atrás para saber cómo se encontraba y en qué estaba trabajando. Aparcaba siempre detrás de la Escuela de Bellas Artes, debajo de un viejo castaño, y cuando no le prorrogaron el contrato, parece que hasta llegó a dormir en aquel coche, en el asiento de atrás, o en cualquier caso tuvo allí, en algún momento, mantas y almohadones y unos cuantos números de *Wired*, y luego llegó el otoño y el coche desapareció bajo una capa de hojarasca amarilla y roja, y se le desinflaron las ruedas. Turek aparecía de vez en cuando por la cantina o por el salón de actos de la escuela. Llevaba un chaquetón de pana gruesa al que le subía el cuello para protegerse del aire frío y cortante de las mañanas de otoño. No ofrecía el aspecto de alguien que duerme en la calle; hasta que no pasó el tiempo no contó que en aquella época solo se alimentaba de pan tostado y tabaco y que, efectivamente, vivía en el coche salvo cuando lo acogía algún amigo. Con todo, conservó el atractivo suficiente para conocer a Evangelia, una griega cuyos padres tenían una empresa de pinturas para paredes en Maroussi y que, para su año de estudios en Berlín, becada por el DAAD, le alquilaron un apartamento estupendo en la Fasanenstraße al que Turek no tardó en mudarse también. Evangelia tenía el pelo castaño oscuro, y llevaba un peinado corto con el aspecto de un casco brillante que solía sacudir enérgicamente al hablar, de tal suerte que algunas guedejas desprendidas del bloque le caían sobre la frente. Cuando se reía, se le formaba un hoyuelo encantador junto a la boca; cuando no se reía, lo cual solía ser bastante frecuente, sus cejas se fruncían formando unas volutas muy expresivas. Estudiaba Ciencias del Teatro, vestía chaquetas de cuero negro y botas de motorista y hasta tenía una moto a juego, una Ducati Monster con el chasis plateado y guardabarros recortados en la que había ido a Berlín desde Atenas. A los pocos meses de conocerse, Evangelia se quedó embarazada, y justo para cuando Turek se hubo autoconvencido de que era imposible, dada la situación, no casarse con ella, la griega lo abandonó por un tipo que se dedicaba al transporte de arte y que, según le reveló, también era el padre de la criatura, y se mudó con él a Basilea. Turek se quedó unos meses más en su apartamento, emborrachándose, escribiéndole cartas en las que le explicaba que a él también le hacía ilusión criar hijos que no fueran suyos, y como ella no le respondió, el arquitecto destrozó sus maquetas y aceptó un empleo con Doctoroff, no porque simpatizara en especial con

Doctoroff, sino porque pensó que aquel trabajo en Manhattan le permitiría olvidar a Evangelia.

Doctoroff era íntimo de Michael Bloomberg, el fundador de Innovative Market Systems que luego fue alcalde de Nueva York y lo incorporó a su equipo. Los empresarios Doctoroff y Bloomberg aprovecharon la oportunidad para disfrazarse de políticos y desmantelar por completo la ciudad de toda la vida enarbolando el argumento de la ecología y la seguridad ciudadana, como cuando de una casa antigua no se deja en pie más que la fachada, y para acabar con todo lo que no fuera *smart*, a saber, casi todo: el tráfico, los elementos de aislamiento, los seguros, la manera de hacer política en sí misma. No solo pretendían remodelar una ciudad, sino que lo que ofrecieron a las comunidades y gobiernos era más bien una especie de modelo para transformar las ciudades en *smart cities*. Convirtieron Nueva York en una empresa, remodelaron la ciudad con el objeto de que produjera todavía más dinero y pudiera atraer todavía a más turistas. En nombre de la ecología, la eficiencia y la seguridad, se deshicieron de todo lo que el Estado había construido en la ciudad a lo largo de varios siglos; Bloomberg y Doctoroff eliminaron todo lo que consideraron lento y sucio y viejo e improvisado o imposible de planificar —los cables, las tuberías, las líneas de comunicación, las plazas, la infraestructura, la vida pública, las tiendas cutres— y, en su lugar, lo llenaron todo de parquecitos de diseño, atracciones turísticas, plataformas panorámicas, pisos de lujo, torres de oficinas y cámaras de vigilancia. Doctoroff era hijo de un exagente del FBI, así que igual le venía de familia el gusto por los artilugios para observar el comportamiento de las personas o para predecirlo de antemano, e igual también se debía a eso su obsesión por las cuestiones relacionadas con la seguridad. Ya no era la policía quien vigilaba a la gente por las ventanas, sino Google, y además a todas horas, y lo que se vendía como un gesto de amabilidad, un regalo a los ciudadanos, no dejaba de ser todo lo contrario. Habían sustituido los viejos taxis por busecitos con el techo de cristal: ¿eso era así para que los turistas pudieran contemplar los rascacielos o para que las cámaras de vigilancia pudieran captarlos a ellos? No estaba claro. Las empresas habían dado un golpe de Estado, y el Estado había cedido sus competencias, su papel de educador y de autoridad que establece las reglas, a los grandes grupos de *big data*, y ahora era una empresa comercial la que definía lo que estaba bien y lo que estaba mal. Los termostatos inteligentes y las cámaras de infrarrojos controlaban cuánta gente permanecía cuánto tiempo en los sitios, en los cafés y supermercados se *trackeaban* las reacciones del cuerpo, el movimiento de las pupilas, la aceleración del pulso... Los supermercados ya no tenían otro objeto que el de proporcionar datos sobre el comportamiento de los compradores, una idea de qué cosas despertaban la ilusión y cuánto se prolongaba tal efecto, por ejemplo, al pedir comida; se trataba de calcular lo que iba a pasar antes de que pasara, de adivinar los deseos y así implantarlos, de evitar lo imponderable y lo prohibido y, sobre todo, de evitar que nadie deseara lo que no era conveniente desear. «Si tuviéramos la posibilidad de construir una ciudad nueva desde sus cimientos, —había dicho Doctoroff—, también podrían inventarse desde cero conceptos ya consolidados como son la política social y el liderazgo político, así como poner en práctica ideas completamente nuevas para la gestión basada en datos».

***

Doctoroff ahora era CEO de Sidewalk Labs, filial inmobiliaria de Google que estaba llevando a cabo el proyecto de convertir el antiguo puerto de Toronto, el Quayside, en la primera *smart city* del mundo, una ciudad enteramente inteligente donde todos los problemas de la actual quedarían resueltos: los atascos, el desperdicio de energía, la criminalidad... todo sería ecológico y todo estaría digitalizado; también aquí sería Alphabet, madre de Google, la multinacional a cargo de todos los servicios a través de sus filiales: a cargo de los seguros médicos y del abastecimiento, de los servicios de reparto de comida, de las escuelas... de todo lo que antes correspondía al Estado, ahora que el Estado había renunciado a todo, pues lo habían relegado a una función más o menos similar a la de la Casa Real británica, que goza de respeto pero no tiene poder alguno, y prácticamente no hacía más que organizar el marco para la privatización total de la ciudad. Doctoroff había empezado a transformar Nueva York en un aparato capaz de escuchar a sus ciudadanos, todo sembrado de cámaras y banquitos con sensores para construir perfiles de movimiento; ahora le llegaba el turno a Toronto, y Doctoroff pergeñaba una suerte de juego de construcción que sirviera para reconvertir todas las ciudades del mundo en máquinas así; pero, claro, como trabajaba para Google, antes incluso de empezar a construir la *smart city*, surgieron las protestas por el tema de la protección de datos, y ese fue el obstáculo con el que se topó Doctoroff: Google era demasiado grande como para poder remodelar nada en secreto. Pero a Driessen, en cambio, no lo conocía nadie... Todavía no.

Turek lo había conocido en Nueva York. Driessen estaba allí con la misión de equipar Nueva York con estaciones de carga, en forma de islas para sentarse un rato, que introducían *cookies* en los teléfonos que se ponían a cargar en ellas y así les chupaban los datos; a cada paso, el ciudadano crearía datos susceptibles de ser vendidos. Doctoroff, además, había ideado un plan para desanimar a quienes vivían en las afueras pero trabajaban en el centro de la ciudad, para que no cogieran el coche, sino el tren; claro que entonces habían surgido protestas, porque la compañía ferroviaria no daba abasto para dar servicio a más viajeros, así que, en el caos de aquellos días, Driessen había dimitido por precaución y conseguido salvarse con un puesto de socio gestor de una empresa de Private Equity, se había ido primero a Menlo Park y luego a Berlín, donde esta empresa acababa de firmar con el alcalde un contrato para rehabilitar un terreno industrial abandonado cerca del aeropuerto. Driessen aspiraba a ser el nuevo Doctoroff.

Según la teoría de Driessen, existían dos líneas de pensamiento. Por un lado, estaban los permaculturalistas, que intentan viajar menos en avión y no utilizar el coche y construir menos y mantener la huella de la humanidad en el mínimo posible: lino en lugar de plástico, menos metal y acero y menos tecnología, y, sobre todo, más calma y menos moverse del sitio, volver al pueblo. Los permaculturalistas —decía Driessen— quieren volver a un estado previo al Antropoceno (y pronunciaba la palabra como algo tan empalagoso que da repugnancia, que se te queda pegado en los dientes), casas de adobe, geotermia, cosas así. Luego, por el otro lado —decía Driessen—, estaban los otros, aquellos que —como él— creían que lo que hacía falta era más tecnología, que la tecnología por primera vez había llegado a un punto en que era capaz de solucionar casi todos los problemas, que nos encontrábamos en un punto de euforia de la historia universal, y que, si volar se había convertido en un problema para el medioambiente, la solución no era dejar de volar y volver al momento previo a la invención de los aviones, sino inventar aviones que funcionasen con hidrógeno —decía Driessen—, y, si la gente tenía miedo por lo que hicieran con sus datos, lo suyo era inventar nuevos mecanismos de filtrado, y si el almacenamiento de esos datos consumía cantidades ingentes de energía, había que inventar nuevas granjas de servidores que pudieran autoabastecerse gracias a gigantescos campos de paneles solares. Le irritaban los escépticos que siempre objetaban que la tecnología no es fiable y que, si en los ordenadores siempre se caía el sistema y los móviles siempre se quedaban sin cobertura, como para arriesgarse a lo mismo en ciudades enteras y coches sin conductor... El proyecto de Berlín no era más que un primer paso. El plan de Driessen en su máxima dimensión era construir toda una red de ciudades inteligentes, un mundo del futuro, allí donde nadie se lo esperaba, en el norte de África. Recientemente había iniciado las negociaciones con el gobierno egipcio; si lo de Berlín salía bien, podría recibir un encargo frente al cual los planes de Doctoroff iban a parecer una nadería...

Turek no simpatizaba con Doctoroff, pero con Driessen y sus ideas sí. Cierto es que Driessen decía las mismas cosas que Doctoroff, pero buscaba algo nuevo, y eso lo compartía Turek. Él creía en la tecnología como otras personas creen en un ser superior. Los seres humanos siempre se habían servido de la tecnología como medio de ayuda. Al principio, la gente siempre estaba en contra. Siempre tenía miedo. Y luego la habían aceptado encantados —la luz eléctrica, el ferrocarril, el automóvil—, pues la tecnología estaba ahí para ellos y, a diferencia de los propios seres humanos, más o menos había forma de entenderla.

***

El edificio piloto estaba a una media hora de la ciudad, al sur, en unos terrenos que habían pertenecido al ejército y donde los rusos, en tiempos, hacían pruebas de armamento. De ahí que estuviera prohibido bañarse en el lago que se veía centellear frente al edificio, como también estaba prohibido internarse en el bosque, que quedaba dentro de la zona de acceso restringido. El edificio estaba pensado para mostrar las nuevas tecnologías de Smartville a potenciales clientes. Los recogían en la entrada del recinto en coches robotizados y automóviles en su sentido más literal, y así los llevaban hasta el portal del edificio en lo que ya pretendía ser un primer momento de apoteosis. Coches sin conductor. Eran unas extrañas cápsulas con ruedas que parecían tener carita de koala deprimido y bajo ningún concepto debían salirse de la ruta, cosa que, a pesar de todo, pasaba de vez en cuando; entonces emitían un pitido angustioso y tenía que acudir un todoterreno americano a remolcarlos de vuelta a su calzada. Cuando andaban, iban —en efecto— a paso de peatón, pues allí no se podía correr ningún riesgo, como que algún jubilado sufriera en la cabina por el exceso de meneo en una curva tomada a velocidad superior a la debida —velocidad que los cacharros bien podían alcanzar—, pues tal percance ocasionaría una auténtica crisis de relaciones públicas; al fin y al cabo, se trataba de reducir los miedos de la gente. Por el parabrisas —¡sin conductor al volante!— ya no se veía nada, ponían películas, así que las delegaciones de potenciales clientes, durante el camino al edificio piloto, tampoco veían el bosque de Brandemburgo, sino tortugas, tiburones y mantarrayas, además de un buceador que les saludaba con la mano. A eso le llamaban *inverted mobility*: a los moradores de la nueva ciudad no solo habrían de llevarles a casa productos, sino también experiencias; habría gafas de realidad virtual y guantes de datos y trajes con sensores por todos lados, y así todo el mundo iría a bucear a las Maldivas y a tirarse en paracaídas y descender esquiando como un rayo por las laderas del Himalaya, incluso con amigos; y, gracias a los impulsos de los sensores, la sensación de frío y de velocidad y de las olas hechas espuma salpicando alrededor con estruendo sería todavía más intensa que en la naturaleza de verdad, y no tendría ni punto de comparación con las piscinas rodeadas de cuatro palmeras y templadurrias por los muchos pises de los berlineses medio en pelotas que atestaban el nuevo centro de ocio construido en un viejo hangar de zepelines que vendían como «Tropical Islands».

***

Los coches sin conductor aún estaban en fase de desarrollo. Ya habían recorrido —como contaba Driessen— muchos cientos de kilómetros sin ningún fallo, si bien no habían dejado de producirse incidentes puntuales: uno de los vehículos interpretó como una sombra un *trolley* de color asfalto que un ingeniero recién llegado se dejó frente al edificio piloto, y le pasó por encima, la maleta se abrió y, detrás del vehículo, que siguió circulando como si nada, fueron planeando hasta al suelo un cepillo de dientes, una afeitadora, calzoncillos de dibujos y un paquete de preservativos. Durante la última demostración, el coche lo había reconocido todo bien, pero había fallado el mecanismo de la puerta; Driessen se había adelantado con el coche hasta el edificio y le había ordenado «Abrir puerta», pero el coche afirmaba que no le había entendido.

—No te he entendido —decía el coche—, por favor, repite tu pregunta.

Driessen:

—Abrir puerta.

El coche, con maligna voz metálica:

—¿Deseas «Abrir puerta»?

Driessen:

—Sí.

Voz:

—Abriendo puerta.

Más allá de producirse un sonido que recordaba a una cuchara arañando el fondo de un puchero vacío, no sucedió nada. Y toda la delegación allí parada, contemplando expectante la carita de koala del vehículo y la puerta corredera, tras cuyos cristales tintados se veía a Driessen sudando y tocando botones y zarandeando la manija. En el lugar del parabrisas se proyectaba ahora una película de una tortuga que buceaba en un mar de color turquesa de alguna parte. Y el coche seguía sin hacer nada, como un animal que se sabe culpable de haberse comido algo que tiene prohibido comerse. Por fin, el ala izquierda de la puerta se abrió de golpe con un chirrido ronco y Driessen salió catapultado para dar de bruces a los pies de un chino boquiabierto. Los coches sin conductor se comportaban de una manera cada vez más rara. Pronto iban a tener que investigar en detalle tal comportamiento, como el de los animales salvajes que estudiaba Aura para su tesis doctoral.

Ahora, todos los coches estaban quietecitos, con sus cables enchufados al puesto de carga como perros a la puerta de un supermercado; la tormenta de nieve los había recubierto con una fina capa de blanco, los ojos de las cámaras estaban ciegos, y no cabía ni plantearse conducir con el mal tiempo que hacía.

A lo lejos se oía aullar a un animal. Hacía algunos años que a esa zona habían vuelto —desde el este— los lobos, uno había atacado recientemente a unas ovejas; las encontraron al amanecer, con las gargantas desgarradas a mordiscos, en un prado aún húmedo por la escarcha.

Por detrás del claro del bosque aparecieron los faros de una camioneta. Era Berenkov, del servicio de asistencia técnica de emergencia, un alemán de Rusia alto y corpulento que, por su aspecto y su forma de moverse, recordaba a un gran danés bueno y tristón. Se bajó, saludó a Turek con la cabeza, abrió una puerta metálica y desapareció en el interior del edificio. Turek había coincidido con él un par de veces. Berenkov había llegado a Alemania hacía diez años y se había colocado de electricista; Alina, su mujer, que había venido con él, trabajaba cerca de la vieja gasolinera de Minolta en la autovía, antes de llegar al recinto, en el puesto de salchichas donde solían parar los camioneros de larga distancia y, a veces, también Turek y Driessen, al que le encantaban las *Bratwürste* y, como sabía un poco de ruso, le hacía mucha ilusión que Alina le entregara la salchicha por encima del mostrador pegajoso de cercos de cerveza elogiando amablemente lo bien que lo hablaba: «Ты хорошо говоришь по русски».

Poco rato después se encendió una tenue luz azul en los pisos superiores. Al este, por encima del claro, el cielo cambiaba de color. Berenkov salió por la puerta. Guiñó los ojos y clavó la mirada en el bosque, desde donde de nuevo resonó un aullido prolongado y doliente.

—Yo por ahí no me volvería a meter —dijo Berenkov—. Se están acercando cada vez más.

Turek lo miró sin comprender, pero luego se dio cuenta de que Berenkov no se refería al edificio, sino al bosque.

—Es un lobo, ¿no? —preguntó distraído.

A él le preocupaba más el apagón que ningún aullido de ningún animal de especie protegida que pudiera sonar de fondo.

—Pues mire lo que le voy a contar —dijo Berenkov—, la semana pasada estuvimos de caza. Matamos un ciervo en el claro. Yo antes despiezaba los animales en el mismo bosque. Como para intentarlo ahora. Porque yo ahora voy con la camioneta, meto al bicho dentro y a correr. Se te plantan al lado en cinco minutos. Una vez apunté con la linterna hacia el bosque. Ahí les ves los ojos a esos colegas, y no son solo uno ni dos.

Turek miró el móvil. La casa no había emitido ninguna alerta de análisis de fallos. Normalmente, antes de que uno llegara siquiera a darse cuenta, la casa solía comunicar que algo no funcionaba o estaba a punto de dejar de funcionar; la especialidad de aquel edificio consistía en prever cosas que estaban por pasar, se comportaba como un adivino que, con un sonoro pitido, hacía saber que *en breve iba a dejar de funcionar correctamente algo*. Esta vez, sin embargo, estaba claro que se trataba de una avería de dimensiones nuevas, una avería que ni el propio edificio, aun habiendo calculado todas las probabilidades de avería juntas, había sido capaz de anticipar. Lo que desasosegaba a Turek todavía más que *el hecho* de que se hubiera ido la luz era que la casa no supiera explicarle *por qué* se había ido la luz, probablemente porque, claro, para ello habría necesitado que hubiera luz... y eso que, para tales casos, disponían de un generador de emergencia que al parecer también se había quedado sin carga.

—¿Sabe lo que ha sido? Quiero decir, ¿podría darle alguna explicación? —preguntó Turek.

Berenkov se encogió de hombros. Pues alguna avería. Había desconectado todo el sistema para luego reiniciarlo, y ahora funcionaba todo.

—Bueno —explicó—, en el fondo, la casa es un ordenador gigante, y también los ordenadores se te quedan colgados alguna vez.

A él le preocupaba más tener que compartir el bosque con ciertas criaturas harto desagradables que se creían extinguidas de allí hacía mucho tiempo; desde hacía poco, el bosque volvía a ser un lugar salvaje y amenazador, como antaño, como cuando se escribieron los cuentos, y érase ahora que, de repente, en un mundo donde había *smartphones* y coches sin conductor, también volvía a darse la posibilidad de *ser atacado por un lobo.* Por más que los defensores de los animales afirmasen siempre que eso era del todo imposible, luego también se registraban casos de gente que había desaparecido en el bosque.

—Ahora está todo en calma —dijo Berenkov—. Pero nunca sabes dónde se meten. Yo, desde luego, ya no salgo de casa sin pistola.

Turek se quedó perplejo de que Berenkov tuviera un arma; también era cierto que tenía permiso de caza. Se despidió de él y se metió en el coche, un Porsche 996 más viejo que nuevo que había comprado a muy buen precio, porque era un vehículo que para los fans de Porsche tenía unos faros indignos, fallo que el diseñador, muy arrepentido, ya había rectificado en el modelo siguiente. Turek introdujo la llave en el contacto —a la izquierda del volante— y bajó la ventanilla. El motor rugió sonoramente, y los aullidos del bosque cesaron al instante. Turek rio con gesto travieso y pisó el acelerador a fondo.

***

Turek se adentró en aquella noche que ya se acercaba a su fin, salió de la oscuridad del campo para dirigirse hacia la ciudad, sobre la que flotaba una burbuja de luz neblinosa. La autopista estaba iluminada por farolas. Las serpentinas de blanca luz de neón se reflejaban sobre la laca brillante del capó y se le acercaban como un latigazo para esfumarse sobre el parabrisas, hasta que llegaba el siguiente latigazo; y así todo el rato - - - - - - - - - -

Atravesó pueblos abandonados, en ruinas, en cuyas salidas se habían puesto gasolineras donde quienes no tenían más remedio que ir y venir a la ciudad para trabajar se quedaban con los hombros encogidos junto a su columna de combustible, escuchando el sonido del chorro en el depósito. Directamente detrás de ellos, inmóviles en un prado como si también estuvieran allí haciendo cola para repostar, se veía a unas vacas ante cuyos hollares se formaban nubecitas de vapor. El viejo Porsche de Turek recorrió avenidas y campos y pasó por pueblos de carretera recién termoaislados. Tomando las curvas y recorriendo calzadas empedradas, Turek manejaba el volante con una sola mano... «Con lo divertido que es conducir, —pensó—, y Driessen se lo pierde... Aunque teniendo en cuenta cómo conduce Driessen, casi que no es perderse mucho». Para él, en cambio, no poder volver a conducir de verdad...

En un margen de la carretera aparecieron unas curiosas torrecitas de hormigón terminadas en punta. Allí estaba, entre la neblina del amanecer, Wünsdorf, la ciudad con el complejo de búnkeres más grande del Tercer Reich, un túnel de montaña de varios metros de largo en el que estuvo el Centro de Inteligencia de Transmisiones «Zeppelin», que conectaba subterráneamente con el búnker «Maybach I», cuartel del Alto Mando del ejército, camuflado en la superficie por una colonia de casas rurales. Desde allí se urdió la invasión de Polonia. Por aquellos búnkeres circulaban en tiempos la totalidad de las comunicaciones a larga distancia. Wünsdorf era, por así decirlo, el sistema nervioso de la Wehrmacht.

Ahora no se veían más que unos búnkeres de aspecto raro que recordaban a cohetes de hormigón, un invento del ingeniero Leo Winkel, de Duisburg. Un búnker de forma rectangular con techo plano ofrece mucha más superficie bombardeable que una torre de hormigón con forma de ojiva ella misma, y, al terminar en punta, los proyectiles en caída libre resbalan y no explotan hasta llegar al suelo. Vista así, la forma de aquellos búnkeres era un remedo de lo que perseguía su destrucción, un caso de mímesis muy particular en el que las formas del ataque y la defensa eran idénticas. Lo que pasó luego fue que se necesitó el acero para el armamento bélico, con lo cual el proyecto de Winkel no tuvo mucho más recorrido; desde el Ministerio del Aire le dieron orden de construir sus torres de hormigón armado con menos cantidad de acero y, como era de esperar, las siguientes aguantaron menos; ahora, los prototipos de Winkel sobresalían entre los árboles como setas malignas del pasado, y enterrado debajo quedaba el cadáver del cerebro de la guerra.

El *data center* que había construido la empresa de Driessen no estaba lejos de allí, a unos pocos kilómetros de la autopista: una nave blanca de casi un kilómetro de largo, toda llena de ordenadores. Turek pasó por delante de la garita del portero con su Porsche. Sara acudiría desde Berlín para preparar juntos la visita guiada de los egipcios. ¿Cómo que venían unos egipcios? Driessen no se lo había dicho. Venían unos egipcios.

¿Acaso pretendían convertir El Cairo en una *smart city*? Pues iban a tener que echar abajo unas cuantas cosas, más bien la ciudad entera, menos las cuatro cosas que quisieran conservar con aspecto auténtico y ruinoso y caótico a propósito, para los turistas; bazares y demás. A lo mejor solo venían en busca de recursos para vigilar mejor a toda aquella gente, y para eso tenía Driessen unos cuantos productos que ofrecerles. Turek volvió a intentar hablar con Aura, pero tampoco esta vez le cogió el teléfono.

Llegó Sara: Mini Cooper nuevo, chaqueta acolchada de plumas, el pelo recogido en una trenza alta, botas negras, pantalón de montar. Lo saludó con un abrazo cordial y distante al mismo tiempo, rodeando la espalda de Turek con el brazo, pero sin que sus mejillas llegaran a tocarse.

—¿Qué tal, Turek?

La granja de servidores no tenía entrada, tan solo una claraboya en el tejado y puertas de emergencia con cerrojos que únicamente se accionaban desde dentro. Una escalera exterior de acero conducía al centro de control. Los vigilantes habían salido a comprobar los generadores de emergencia; Turek se quedó con Sara esperando en la zona de recepción. Igual que en las salas de espera de los dentistas, había una mesita auxiliar baja con revistas, presidida por la estatua gris de un buda. Al parecer, los budas eran lo que marcaba la presencia de seres humanos en los nuevos y poshumanos mundos de los almacenes de datos; donde había un buda solía haber también sofás de cuero beige, café aguado y revistas de decoración manoseadas, signos inequívocos todos ellos de una civilización que se extinguía... En el futuro, cuando los humanos del siglo XXIX o los que regresaran de Marte o los extraterrestres de turno descubrieran aquella granja de servidores en una excavación arqueológica, se preguntarían muy intrigados por qué los antiguos habrían elegido a esos gorditos para guardar las tumbas de sus datos. Al otro lado del cristal acorazado, el mundo humano ya sí que había tocado a su fin, allí ya no importaba en absoluto si los pasillos tenían la anchura suficiente para pasar o si estaban bien la altura del techo o el color de la pared o la temperatura de la sala; aquel era un mundo que ya no necesitaba ser construido alrededor de cuerpos humanos, puesto que no lo habitaban más que datos, allí todo estaba concebido y temperado para que quienes se sintieran a gusto fueran, sobre todo, los algoritmos.

Turek parpadeó para acostumbrarse a la penumbra de la nave.

Desde la zona de control, el interior de la granja de servidores presentaba el mismo aspecto que una gigantesca metrópolis de noche, las torres de servidores parecían rascacielos cuyos pilotos resplandecían en la oscuridad de la nave... Así era Tokio a las tres de la madrugada, cuando apagaban los anuncios luminosos de los rascacielos y se desvanecían las letras y los textos y ya no quedaba de todo ello más que un centelleo abstracto de puntitos rojos que lanzaban indescifrables mensajes en morse a la negrura de la noche.

La granja parecía una biblioteca gigante y, en un sentido estrecho, en realidad, era eso. Cada segundo se envían 2,8 millones de correos electrónicos, cada segundo se cargan datos con un peso total de 24 000 *gigabytes*, cada día se les añaden 2,5 quintillones de *bytes* que se tienen que almacenar. Hay más de mil millones de personas que, cada día, buscan algo en Google o suben algo a Facebook, que dejan 5800 millones de *likes*... El 90% de la cantidad total de esos datos se ha generado en los últimos dos años. Los coches sin conductor, las transacciones en *bitcoins*, la conexión a internet de cada artilugio, así como el sistema de redes de las cosas y los miles de millones de subidas de archivos y de fotos de Instagram y de mensajes de Whatsapp harían estallar esas cifras todavía más... y todo eso estaba en aquellos ordenadores. En aquellas torres se albergaba más conocimiento sobre el ser humano que en todas las condenadas novelas del mundo, aquel era el lugar donde no solo se almacenaban sus datos, sino que también se llevaba a cabo un cálculo previo y una manipulación de su comportamiento: era el centro de control de la conciencia colectiva, oculta en cajas invisibles, en una ciudad que ya no habitaban las personas, sino los datos... Miles de aparatos almacenaban miles de millones de datos, aparatos que desprendían un brillo frío y misterioso...

Turek se detuvo a contemplarlos con el mismo arrobamiento que los románticos alemanes de principios del XIX mostraban ante sus escarpadas cumbres y sus mares de niebla: la granja de servidores era más bella que la selva con sus sonidos, con su centelleo de luciérnagas y los ojos preparados para la caza, más bella que Manhattan de noche, una enorme densificación de acero y hormigón y de luz y energía y de miles de miles de ideas e intenciones y ambiciones. Lo que se veía allí, envuelto en una penumbra azul, era un mundo poshumano y a la vez lo más humano que existe: el pensamiento colectivo de la humanidad, la totalidad de la expresión de las opiniones y sentimientos, todo, cualquier cosa que expresara el ser humano, llamadas, mensajes breves o largos, correos electrónicos, *likes* de Facebook, comentarios, novelas, fotos, música, el caos de estados de ánimo encontrados, odio, desesperación, alegría, cinismo, generosidad, valor, miedo y absolutamente todo lo que aquellas manifestaciones sacaban a la luz; la totalidad del pensamiento y de la vida estaba almacenada allí, en aquel andamiaje infinito que formaba calles y manzanas de torres de servidores con pilotos de control cuyas luces eran un perfecto misterio. La belleza total, el orden total. La exaltación de Turek iba en aumento a medida que contemplaba aquellas torres de servidores con su impasible ronroneo.

Quien fuera capaz de leer todo lo que allí se almacenaba lo sabría todo sobre el ser humano. Aquellas torres estaban habitadas por informaciones y datos del mismo modo que, en tiempos, las torres estaban habitadas por personas. A los ojos de Turek, aquello era la culminación de la obra de arte, justo lo contrario de esa sombría mezcla de *locus amoenus* y vigilancia permanente en que estaba convirtiendo el mundo Doctoroff. Los románticos y toda esa gente del *land art* no tenían nada que hacer frente a aquella escultura de supernova alimentada por la insondable totalidad de las manifestaciones del presente, igual que se quedaban en nada frente a aquello las nubes de tormenta que se amontonan en el cielo y los volcanes con su poder devastador y el océano sin límites y las cascadas rugientes de Kant; lo sublime había hallado en aquel lugar una forma nueva: aquello no era solo técnica, era la nueva naturaleza, donde los algoritmos no solo se almacenaban, sino que se comunicaban entre sí, produciendo un nuevo conocimiento del que ya no tenía ni la más remota idea el ser humano que lo alimentaba. Allí moraba el cerebro de la humanidad, un cerebro que se tornaba criatura con vida propia.

Turek volvió a salir al frío del exterior con la boca abierta, en tanto que Sara, impasible, se puso a llenar vasitos de plástico con el agua que salía, con ruidoso gorgoteo, de un bidón de plástico; para ella, todo aquello no era más una nave llena de anodinos armarios con ordenadores. Turek apretó con fuerza el delgado vaso de plástico, el agua se le vertió por los pantalones y le dejó una mancha oscura que él trató de secar con la manga de la camisa. Se le hacía muy duro el cambio de la noche eterna que reinaba en el interior de la nave, fría y sin apenas luz, solo con aquel tenue resplandor azul, a la claridad estridente del cuarto de control, con un neón que alteraba el color de todas las cosas.

Una especie de zumbido ronco que parecía venir del interior de las instalaciones rompió el silencio. Se habían puesto en marcha los generadores de emergencia, el simulacro habitual; un olor a diésel se extendió por la nave. A Turek le entró tos. La «nube» e internet no eran, ni mucho menos, cosas tan etéreas como su nombre pretendía sugerir, sino bastante físicas y sucias. Las plataformas de *streaming* consumen 200 000 millones de kilovatios hora cada año, lo mismo que todos los hogares de Alemania, Italia y Polonia juntos; luego hay que añadir los servidores de los centros de cálculo donde se almacenan los contenidos de Netflix y Amazon, y luego las granjas de servidores en las que guardan sus datos las empresas... y luego hay que contar con los miles de millones de individuos usuarios de internet cuya actividad también devora cantidades industriales de energía; quien busca mucho en Google, sube fotos a Instagram de lo que come y acostumbra a ver vídeos en Facebook y cosas en Netflix —le decía Turek a Sara— no causa menor impacto ambiental que quien diariamente va al trabajo en un todoterreno, arrojando CO2 a chorro... Unos toquecitos en una pantalla y ¡plin!, ya se ha enviado algo, y nadie tiene en cuenta que esa acción repercute a nivel mundial, creando actividad en unos ordenadores y tirando de centrales de energía que a su vez producen residuos; parecía mentira lo difícil que era acabar con el mito de que hacer las cosas *online* es más ecológico que lo mismo en su modalidad física. Tanto condenar el diésel... y a nadie se le ocurría siquiera pensar que adonde realmente llevaban los «me gusta» de un millón de millones de usuarios de Facebook era a la muerte por falta de oxígeno; que los muchicientos millones de fotos de ensaladas, gatos y puestas de sol de Instagram que no le interesan a nadie no solo suponían una pérdida de tiempo inconmensurable, sino que hacían más daño al medioambiente que la lluvia ácida; que cada transferencia bancaria *online*, cada foto de Instagram, cada entrada de Facebook, cada búsqueda en Google requerían una cantidad tremenda de espacio de almacenamiento, y las memorias de datos requerían una cantidad tremenda de energía; que las redes sociales iban a ser a la era de internet lo que las cabezas de los moái para los habitantes de la Isla de Pascua, a saber: su final anunciado, a menos que se inventasen fuentes de energía completamente nuevas... Con el estado actual de la tecnología, si se quisiera frenar el cambio climático, no solo habría que dejar de comer carne roja y de ir en avión y en coche —peroraba Turek—, sino que también habría que dejar de enviar mensajes y postear fotos y ver series en las plataformas, aunque estaba más que claro que la gente no lo iba a hacer, y si se llegaba a la conclusión de que internet ya se había convertido en parte de la naturaleza humana, no había más que una solución: a menos que se estableciesen zonas protegidas en las que no solo se vetara el acceso a los coches diésel, sino también a los googleadores y facebookeros, habría que conseguir que los centros de cálculo fueran más eficientes y ecológicos, y él, Turek, les mostraría cómo hacerlo gracias a un parque eólico capaz de producir al año unos 670 000 megavatios hora...

Pero las reticencias iban en aumento. Driessen había mandado hacer un vídeo publicitario en el que se veía una ciudad de sombríos rascacielos con luces titilantes, fábricas soltando humos, todo gris, basuras por doquier, una escena de un atraco en un paso de peatones subterráneo, una mujer llorando, otra parada en una isleta de tráfico, en pleno estrépito de un atasco, sujetándose la cabeza con las manos. Luego sonaba una melodía... «¿Podríamos vivir en otro mundo?», decía una voz en *off*, y luego seguía una música muy sugerente, pasaban todas las escenas a cámara rápida, los rascacielos se llenaban de verde como por arte de magia, el atasco y el paso subterráneo desaparecían, y la mujer que lloraba se montaba con una gran sonrisa en el tándem eléctrico con que pasaba a por ella un sonriente caballero.

Turek le había mostrado el vídeo en el móvil a una de las vigilantes de seguridad, una mujer con tatuajes, medio iraquí, que había crecido en el barrio de Moabit y se dedicaba a las artes marciales mixtas en su tiempo libre, y ella le había dicho que, en realidad, le gustaba más la ciudad del principio y que toda aquella gente tenía una pinta de ultraconservadora que no se tenía en pie, que ella, desde luego, no se cambiaría por la mujer que lloraba en el vídeo y que, estando un poco puesto en defensa personal, tampoco te atracaban. Poco resultado daba aquel vídeo por el momento.

Turek conducía en dirección a la ciudad. Delante de él centelleaba la franja roja formada por las luces traseras de los demás coches; los empleados se dirigían a las torres de oficinas del centro desde los barrios dormitorio de las afueras. En el arcén había un Honda averiado; los ocupantes del vehículo habían salido del coche y se inclinaban sobre el capó abierto, cual grullas alimentando a sus aceitosos polluelos en un nido de metales.

Más atrás brillaban las luces de las ventanas de los pueblos. Allí era donde vivía la gente, adonde volvía agotada después del trabajo en su SUV familiar de dos toneladas, allí abrían las ventanas, allí se enfermaban porque hacía demasiado frío, o ponían la calefacción a tope y luego se enfermaban porque hacía demasiado calor y porque no contaban con ningún algoritmo que supiera cuál es la temperatura que más agradable resulta al cuerpo humano y cuál es, sin embargo, la idónea para él... y era gente que daba un montón de vueltas para ir a los sitios y consumía demasiado y no encontraba aparcamiento, y por las noches se emborrachaba o se quedaba frita frente a la tele en sus sofás de terciopelo beige con cojines que llevaban siglos sin mullir, sofás en los que ya vegetaban sus hijos adolescentes, mudos o enmudecidos, con la vista clavada en sus portátiles, hijos demasiado mayores que pronto acabarían la escuela y conocerían a alguien y también se mudarían a una casa de un barrio de las afueras donde se serviría comida recalentada en una mesa infinitamente larga, pero, por lo general, sin nadie sentado a ella... Algunos compraban productos bio y se esmeraban en ponerles vegetales carísimos a aquellos adolescentes mudos que se comían los trocitos sin darles ningún valor, otros habían tirado la toalla y cenaban frente al televisor en recipientes de plástico pasados por el microondas o se dedicaban a escribir mensajes melancólicos o furibundos y a darle al «me gusta» en Facebook o se quedaban dormidos oyendo algún pódcast, y luego, en la oscuridad absoluta de las mañanas de invierno, los arrancaba del sueño sin piedad la correspondiente función despertador, y se duchaban tiritando y se llevaban el café al coche, al atasco, desaparecían en una descomunal nube de contaminación iluminada por los pilotitos rojos de las luces de freno, y se embestían por conducir distraídos o somnolientos y tenían infartos y varices y depresiones.

Todo eso tocaría a su fin muy pronto, pensó Turek; a veces creía de verdad en su misión.

CIUDAD

Eran poco más de las nueve cuando llegó a la ciudad. Se dirigió hacia el recinto industrial cercano al aeropuerto, donde en tiempos fabricaban semiconductores, antes de trasladar la producción a China, y donde se iba a construir la primera *smart city*; nada de hacerla en medio del campo, sino en pleno centro de la ciudad, empezando por aquel barrio, y luego la *smart city* iría avanzando calle por calle de la ciudad actual, comiéndosela, adueñándose de ella pedazo a pedazo... Ese era el plan, aunque por el momento no habían construido más que una torre en todo el recinto.

Turek pasó por delante de una fachada acristalada a través de la cual se podía ver el atrio, un vestíbulo de techos muy altos donde estaban la cafetería, toda recubierta de paneles de madera natural, y una especie de contenedor gigante con mesas y sillas y unas palmeras desperdigadas encima. El desarrollador de proyectos HKP, del que Driessen era accionista, había construido aquella torre por encargo de la consultoría The People para luego venderla a otra empresa inmobiliaria por doscientos millones. Cincuenta mil metros cuadrados repartidos en dieciocho plantas. La torre de oficinas más sostenible del país: el tejado tenía colectores de agua de lluvia destinada a los aseos y al sistema de autorriego y humidificación de la terraza del ático, la fachada sur tenía placas solares que producían electricidad suficiente para todos los móviles y portátiles y coches, así como para la luz del edificio; la iluminación solía ser muy tenue y solo se hacía más intensa en los lugares por donde pasaba alguien, así cualquiera parecía un dios que, con su propio resplandor, a su paso iba iluminando el espacio. En los puestos de trabajo, los focos del techo se encendían y apagaban con el móvil, que además les iba diciendo a los empleados lo mucho que ahorraban. También se llevaba la cuenta de si uno había ido a trabajar en coche o en bici y cuánta luz consumía durante la jornada; a partir de un determinado nivel de puntos obtenidos por ahorrar te tocaban un café y un *bagel* de aguacate gratis. «Siempre se puede ser más verde todavía», rezaba un cartel de simpática caligrafía con volutas.

En un sentido estricto ya no se podía decir que aquello fueran casas. Lo más caro ya no eran las fachadas ni las vigas de acero ni los suelos de hormigón, sino las seis mil bombillas inteligentes y los veintiocho mil sensores que medían la luz y la temperatura y el movimiento... y a los trabajadores a través de una aplicación que lo conectaba todo directamente con el sistema de control interno. Una red digital se extendía por todo el edificio, como en todos los que construía Driessen; en el futuro, los inmuebles —había dicho este en una ocasión— servirían sobre todo para proporcionar información digital, serían robots en cuyo interior se podría vivir.

El robot ya no era un androide de metal con una antena en la cabeza que se te acercaba con un patoso traqueteo... ahora había crecido hasta una dimensión descomunal y se había tragado a las personas. Los nuevos edificios, las propias ciudades eran robots por cuyos cuerpos pasaban los habitantes

como glóbulos bombeados, y así, constantemente vigilados y dirigidos, alimentaban el sistema con datos y otras sustancias, manteniéndolo en funcionamiento.

Siempre se sabía dónde estaba cada cual y con quién se encontraba. A partir de ahí se podían establecer patrones sobre cómo aprovechar los espacios y qué espacios había que limpiar. Gracias a eso —había calculado Driessen— se podrían reducir los costes de limpieza en un 20% y el consumo de luz en un 80; además, la penumbra creaba un ambiente más íntimo, más bonito y hogareño, no como el de un hospital, sino más bien como el de una salita de estar. A los empleados de más edad no les hizo mucha gracia al principio, pero los jóvenes ya no temían el reconocimiento facial, y, de todas formas, el punto de no retorno se había alcanzado hacía tiempo —había dicho Driessen—; a fin de cuentas, todo el mundo estaba localizado en todas partes, y siempre se podían implantar filtros de privacidad, que para eso se había creado la herramienta Privacy Now.

Turek esperó frente a la barrera del *parking* hasta que el programa de coordinación le asignó una plaza para dejar el coche. Se puso a hurgar en el móvil y a mirar por el retrovisor. Había cumplido los cuarenta y tenía aspecto de cansado, el pelo peinado hacia un lado le empezaba a clarear, alguna arruga se le había quedado ya marcada en la cara.

En la pantalla le apareció una especie de mapa de lucecitas que le indicaba dónde estaba cada uno de sus compañeros: Hogenbeck, registro 835, ahora en la planta 8, cubículo 6; Wernecke, registro 922, en el área de relajación desde hacía veintiocho minutos. En aquel edificio, todo el mundo estaba localizable en todo momento a través del correspondiente programa, lo cual hacía muy cómodo trabajar, porque ya no había ni despachos ni problemas por no saber dónde podían estar los compañeros cuando no estaban en el despacho.

Turek pasó con el coche por delante de una cristalera que permitía ver el interior del estudio de *fitness* de la propia empresa. Había una compañera trotando en una cinta de correr, con la cola de caballo azotando el aire como el péndulo de un metrónomo, de izquierda a derecha; a su lado, un tipo bajito del departamento de Estrategias de Digitalización levantaba unas pesas de tamaño mediano, le temblaban los brazos al intentar devolver la barra con las pesas a la posición correcta en su soporte, pero él no lo veía bien desde abajo; en contados segundos le caería la barra sobre el pecho cual guillotina. Un grupito que también cruzaba por delante de la cristalera a paso ligero se detuvo a hacer bromas sobre él, como era de esperar.

Turek pasó por delante de una cámara redonda que reconocía las matrículas y las caras de los conductores, y llevó el coche hasta la plaza que le había indicado el móvil. Al apagar el motor, le apareció en la pantalla un plano de situación donde se le indicaba la ubicación de la persona con la que tenía que reunirse y la sala asignada para ello. Dejó sus cosas en una taquilla, miró la aplicación de Hot Desking para ver dónde podía ponerse a trabajar esa mañana y se sacó un café de la máquina. En un panel luminoso había fotografías de gente con el móvil en alto y el eslogan: «Te queremos conocer» o «¿Cómo podemos asistirte mejor?». Desde el gimnasio contiguo se oía al monitor de *fitness* dando voces: «¡Venga, dalo todo, que así luego la relajación será mucho más bestia!».

Turek tenía ganas de ver a Aura. La volvió a llamar. Su voz sonaba como si estuviera hecha del mismo material que el jersey con el que había estado tumbada en el sofá de Turek, de mohair o de cachemir o algo así, de manga larga, varias tallas más grande de lo necesario, con lo que también sus piernas se perdían en el interior. Aura no podía quedar; tenía que escuchar las grabaciones del trabajo.

Turek saludó a los egipcios un momento y se dirigió a la cafetería automática. Acercó el móvil al escáner para pagar. En la pantalla de la máquina apareció el mensaje: «Hoy ya te has tomado un capuccino XL. ¿Te apetece probar nuestro saludable Chai Tea?».

Solo era una sugerencia. Turek se sacó un segundo café; se podía hacer, solo que en algún sitio quedaba registrado.

***

En la planta 16 había un grupo de empleados sentados en círculo en sacos sillón, con el portátil de medio lado en el regazo y casi descoyuntándose el cuello para ver la pantalla; les tiraba la camisa, saltaba a la vista que aquel atuendo no era el apropiado para desparramarse en el asiento como pretende el diseño del saco. Driessen estaba frente a ellos, en la posición del loto. Hacía yoga con regularidad, con lo cual no le resultaba difícil irradiar cierta autoridad incluso en tal postura, no así al simpático gordito con zapatos Oxford en granate, Jonathan Illenberg, que estuvo un buen rato buscando una silla hasta asumir que las sillas ya no tenían cabida en aquella planta y, con una sonrisa de circunstancias, se dejó caer como un saco encima de un semejante, incapaz de cruzar una pierna por encima de la otra. La barriga se le montaba por encima del cinturón por la postura, no así a Driessen, que siempre lucía su ostentosa hebilla sin importar cómo estuviera sentado.

Al mismo sitio llegaron tres hombres. Los tres se sacaron efectos personales idénticos del abultado bolsillo del pantalón: billetera (de napa suave = cara) + teléfono móvil (Apple, tintinea y vibra en señal de lo muy solicitado que está su propietario; si no vibra ni se le encienden lucecitas = malo) + manojo de llaves, una de ellas del coche, de marca fácilmente reconocible por el logo de colores.

Llave de Porsche con billetera de Prada a Audi:

—He leído su borrador.

Audi:

—Ah. ¡Qué *nice*!

Porsche:

—Me gusta el concepto.

Audi:

—Gracias. Igual le puedo dar una vuelta más.

Skoda con billetera de Marc O'Polo:

Cara de :-(

Porsche:

—No, no, si me ha parecido muy bien como está. Igual añadiendo un par de detalles sobre la escalabilidad y la *asset distribution*.

Audi:

—Ah. *Nice*. Ya se me había ocurrido, sí.

Porsche:

—¿Y a usted qué le parece?

Skoda:

—Que vale. Se puede hacer así.

Audi:

—Ah. *Supernice*.

Entonces llegó otro, un hombre de complexión menuda, boca de comisuras ligeramente curvadas hacia abajo como para realizar la acción sincronizada de asimilar un disgusto y apretar los dientes, mirada fija en un punto («focalizando»), orejas diminutas y el cabello que queda por encima de ellas recién afeitado, mientras que el tupé engominado le cae sobre la frente como una tapadera mal puesta. Se puso a repartir un papel sobre el tema «Visiones, objetivos y narrativa para un futuro digital», además de tarjetas de visita en las que aparecían su nombre —Tobias Erkelenz— y las letras EY; trabajaba para la consultora Ernst & Young, a la que el gobierno le había encargado la estrategia de digitalización. Enumeró las ventajas de la *smart city* que el equipo debía transmitir:

Según el *City Report*, una *smart city* de cinco millones de habitantes, en comparación con una ciudad tradicional, haría posible salvar las vidas de trescientas personas, se registrarían entre un 30 y un 40% menos de atracos, robos en viviendas y otros delitos, se reduciría la propagación de enfermedades entre un 8 y un 15%, cada día se ahorrarían, de media, al menos 30 minutos de tiempo de desplazamiento en algún tipo de transporte y, por persona, 80 litros de agua. Los coches sin conductor estarían sujetos a un acuerdo especial con el Ministerio de Transporte, otro acuerdo especial con el de Asuntos Sociales establecería la transferencia de la atención médica de los habitantes de la ciudad inteligente a la *Vivacité*, y un *concepto digital de seguridad con servicios de vigilancia propios* haría innecesaria la intervención de la policía. El ciudadano firmaría con esta un contrato de servicios en el que estaría comprendido todo aquello de lo que antes se ocupaba el Estado, e incluso podría abonar parte de él con datos; así de fácil.

Uno de los compañeros empujó a Turek a otra sala de reuniones en la que tampoco había mesas, sino solo cojines de suelo, y se dejó caer de espaldas sobre un saco, aunque al instante trató de levantarse de nuevo, viendo acercarse a Driessen desde el otro lado de la mampara de cristal de separación. Driessen puso cara de asombro ante aquel tipo de sonrisa cautivadora que daba un brinco para salir del saco, pero haciendo a la vez una extraña tijera con las piernas que recordó ligeramente a un paso de *breakdance*, hasta que se enderezó a duras penas y, por fin, se le acercó como dando botecitos medio retorcido. Tenía toda la pinta de haberse dislocado la rodilla.

—Bote —dijo el hombre retorcido con voz ahogada.

Driessen abrió la boca como para decir algo, pero en su lugar se limitó a alargar un poco el cuello y ladear la cabeza, con la oreja derecha hacia su interlocutor.

—¿Cómo dice?

—Bote. Mi apellido. Hanno Bote —repitió el de la sonrisa cautivadora, esforzándose por recuperarla.

—¡Hombre, sí, Bote! —exclamó Driessen, como si este hubiese podido ahorrarse unas cuantas molestias de haber empezado por decir su nombre.

—Sea muy bienvenido. Póngase cómodo.

Bote intentó acomodarse de nuevo en el saco.

Sascha Peterson, director del departamento de Economía P2P, ya estaba instalado en la posición del loto en uno de los sacos; había adoptado una postura de yoga entre otras cosas para demostrarles a Driessen y a los demás que era capaz de adoptar posturas de yoga. Tenía veintisiete años, le gustaba empezar sus presentaciones con la frase «como una persona de una generación más joven, yo...», ni que su persona fuera una revelación ante un grupo de vejestorios sin dientes y barba larga cual camino de mesa. También a Illenberg, que apenas tenía siete años más que él, lo mandaba al otro lado de la barrera generacional para así quedar él como supuesto único representante del futuro propiamente dicho; cuánto admiraba él que los demás, compañeros que *llevaban taaanto tiempo* en la brecha, *todavía* dieran muestra de un pensamiento tan innovador, se expusieran a lo nuevo sin miedo... a él, en su calidad de *joven compañero*, aquello lo impresionaba mucho. Durante las intervenciones de los demás se mostró muy atento, luego hizo un ruidillo y, ante la expectante mirada del resto, cerró los ojos unos instantes, como si necesitara recurrir a una fuerza mental pura para fusionar en un espacio ideal lo que acababa de escuchar y lo que aún estaba por decir. Luego, sin abrir los ojos todavía, empezó a hablar en tono de predicador, con una peculiar articulación que marcaba mucho las eses.

—Te estoy superagradecido por sacar este tema —dijo.

Justo en relación con el campo del P2P era una cuestión superrelevante todo lo que se había mencionado. Él tan solo se preguntaba si con eso estaba dicho todo; como una persona de veintisiete años, porque él no tenía ni treinta, así que no podía evitar decir... Lo que siguió fue una refutación total de cuanto había dicho su antecesor, y les dio tantas vueltas a sus argumentos, envolviéndolos además en un fárrago interminable, que al final parecía que, en efecto, carecían de toda lógica.

Arrastrando los pies, apareció el becario. Andaba como si imitase a un robot, con los brazos a izquierda y derecha como objetos olvidados, superfluos. Solía ir con la boca abierta; cuando se estaba quieto recordaba a un payaso llorando sin hacer ruido. Llevaba camisetas con motivos de rock duro, por ejemplo cráneos despachurrados con el rótulo Death Penalty, un contraste radical con sus maneras, entre amables y abúlicas. Se pasaba el día preparándose tés y preparándoselos a los demás, aunque no se los hubieran pedido, se te sentaba en el borde de la mesa con un «holaaa» y esperaba que le contaras algo; si no había sitio en el borde de la mesa, se sentaba en el suelo en la posición del loto. Hacía fotos de todo y lo subía todo a Instagram, fotos de sus tés, fotos de su mesa, fotos de sus pies, que así servían para algo más que para arrastrarlos.

El becario quería salir temprano ese día. La *app* de su móvil le había advertido que estaba trabajando demasiado: presión arterial alterada. En actitud de reproche, le plantó la pantalla de su móvil en la cara a Turek. Driessen le lanzó una mirada fulminante y, de golpe, levantó los brazos como si fuese a esparcir confeti por toda la sala; no le entraba en la cabeza cómo podía estar hipertenso alguien que, desde luego, no parecía vivir sometido a tensión alguna. Cierto era, por otra parte, que la aplicación que se lo había dicho era parte de la iniciativa Safe and Secure del propio Driessen, diseñada para que todos los habitantes de la nueva ciudad estuvieran conectados a un sistema de seguimiento del estado físico, a su vez conectado con la ambulancia de urgencias. Así que no había manera de argumentar que el aparato se equivocaba. ¿No tomaría drogas el muchacho? A saber.

Illenberg había salido de la sala y volvía con un vaso de agua. Se había dejado puestas las gafas de sol y, por un momento, Turek pensó que el vaso de agua era para echárselo por la cabeza a Peterson, aunque luego no lo hizo. Lo único que hizo fue soltarle:

—A mí me parece que no dices más que una chorrada encima de otra.

Driessen carraspeó y logró articular un «a ver...», al becario se le escapó una risita abúlica, Sascha Peterson, de puro asombro, no fue capaz de decir nada en unos instantes y pidió auxilio con la mirada a Driessen, quien por su parte miraba a Illenberg estupefacto.

—No sé yo si este es el registro con el que deberíamos comunicarnos aquí, porque hasta ahora no era lo usual —chirrió Peterson.

—En —dijo Illenberg.

—¿Perdón?

—En, preposición. Se comunica uno «en un registro».

Peterson lo miró con ojos vacíos, la boca se le frunció de una forma muy extraña, como si se le derritiera. Illenberg permanecía de pie en la sala con los brazos cruzados, como un portero de discoteca que no está dispuesto a dejar pasar a cualquier zumbado. Alguien exclamó: «¡Que no conste en acta!». Driessen dio una palmada y anunció un descanso de diez minutos. Arrastró a Turek a un despacho donde no había nadie.

***

—¿Qué está pasando aquí, Alex? —le preguntó Turek.

—¿Qué? Ah, esos dos. Ni caso. ¿Quieres que te cuente una cosa?

—Tú dirás.

—Llevo cuatro días sin comer nada.

—Vaya... —dijo Turek.

—Llevo cuatro días sin comer nada, y en ese tiempo he visto claras muchas cosas. Cuando se ayuna, el cuerpo se libera de lastres. A ver, Turek. ¿Cuál es el mayor problema que tenemos?

A Turek le irritaban los aires de importancia que se daba Driessen, mientras que a Driessen le divertía tratar a Turek como a un discípulo duro de mollera.

—Problemas tenemos muchos.

—Ya, pero ¿cuál es el mayor?

—Pues... ¿El alcalde? ¿Los manifestantes?

Driessen se recostó en su asiento e hizo un rápido movimiento con la mano como para indicar que, sobre el escenario de potenciales problemas, el alcalde y los manifestantes no eran más que unas figurillas de juguete de tamaño irrisorio y liquidables de un plumazo. Las manos de Driessen estaban cubiertas de vello, recordaban un poco a las de un mono. Sus brazos, al descubierto porque se remangaba la chaqueta, estaban muy musculados, pues en su día había practicado el remo y hasta era capaz de hacer el pino, y derrochaba un optimismo en el que nadie había conseguido hacer mella y que ya estaba por encima de todos los posibles abismos de estrategias y juegos de poder... y que lo hacía simpático y hasta carismático a los ojos de mucha gente.

—He entrado en contacto con el gobierno de Egipto —susurró Driessen—. Por eso han venido los egipcios. Están interesados en un proyecto grande, pero grande a una escala que... —le temblaban las manos de pensar en las dimensiones del proyecto—. Pero atiende, vayamos por orden. El mayor problema que tenemos ahora mismo a nivel global es, por un lado, la subida del nivel de los océanos y, por el otro, la desertización de partes considerables de África que pronto serán inhabitables, porque no habrá agua, y también el empobrecimiento del norte de África como consecuencia del cual la gente se deja arrastrar por los islamistas, ¿me equivoco? ¿A que no? Pues esto que ves aquí... —y sacó unas cuantas imágenes impresas que colocó encima de la mesa— es la solución a los tres problemas.

Se veía un mapa de Egipto con una mancha oscura en el centro.

—Esto pedí que me lo dibujaran ayer. Es la depresión de Qattara.

Turek puso una cara larga. No tenía ni idea de qué era todo aquello.

—Y esto es en lo que la vamos a convertir: Qattara —explicó Driessen en tono solemne—, 133 metros por debajo del nivel del mar.

Tenía algunas salinas que habían ido cubriendo las arenas movedizas, pero gente había muy, muy poca, cuatro tribus de beduinos y un oasis donde vivían un par de cientos de personas, pero, en principio, la depresión que antaño había sido un mar estaba vacía, con lo cual, en teoría, era posible inundarla; ya habían existido proyectos para excavar un canal subterráneo, pero por entonces no se había podido llevar a cabo la perforación de un túnel de semejantes características, mientras que ahora... el efecto sería increíble: un mar interior como el

que se formaría cambiaría el microclima del Sáhara, habría más lluvia, mediante plantas desalinizadoras se podría emplear el agua para irrigar nuevas superficies agrarias... En suma: toda la región, ahora sumida en el caos y transitada básicamente por refugiados que querían llegar a Europa, se transformaría en una zona superemergente cuyos campos y bosques explotables producirían más CO_2, contribuyendo de nuevo a frenar el cambio climático en una medida considerable; y luego, una vez unida esa nueva región superemergente de Qattara al proyecto de una gigantesca planta de energía solar en el Sáhara que produciría electricidad suficiente para abastecer a todo el norte de África, también podrían establecerse allí industrias electrointensivas, tecnología blockchain entera, enormes granjas de servidores, fábricas de baterías... y todo ello conduciría a un replanteamiento de la situación geopolítica. Todo eso dijo Driessen. Marruecos, Argelia, Libia, Túnez y Egipto se convertirían en una de las regiones de mayor renta per cápita del mundo... Aaah, bueno, y allí no habría una *smart city*, sino docenas de ellas, y Marsa Matruh y El Yadida y Tuggurt y Ouargla se podrían permitir transformarse en ciudades inteligentes; los sistemas de vigilancia digital que ya existían permitirían minimizar los riesgos de atentados o revueltas, caso de que el notorio incremento de la calidad de vida no condujera de por sí a paliar el terrorismo casi automáticamente... Bueno, sí, podría darse aquí o allá que a algún radical encubierto se le ocurriera cometer un atentado, pero con ayuda de los chinos, que querrían mantener a salvo sus inversiones, y de sus servicios secretos, no costaría reprimir ese terrorismo, la nueva estabilidad atraería a nuevos inversores a la región y así sería cada vez más próspera... y entonces también se invertirían los flujos migratorios, y entonces los refugiados económicos y Polonia y Hungría correrían a cruzar en dirección contraria las vallas levantadas por sus gobiernos contra los emigrantes para buscar trabajo en la nueva región emergente en el norte de África. El sur —seguía disertando Driessen— sería el nuevo oeste, la nueva Costa Azul, la nueva California, y... —aquí agarró a Turek de las muñecas—: en la cuenca arreica de Qattara caben 1213 kilómetros cúbicos de agua. Inundándola y, quién sabe, más adelante inundando algunas cuencas más del desierto, se podría mantener constante el nivel de los océanos a pesar del cambio climático. ¡Ya no harían falta diques para salvar Nueva York y Calcuta! Se salvarían los Países Bajos... Se podría mantener constante el nivel de los océanos a pesar del deshielo de los polos... Todo mediante un canal de 60 kilómetros... Lo único malo que veía era el nombre del lugar, «depresión de Qattara», que quedaba muy feo, muy negativo —decía Driessen—, hacía falta algo más sugerente, algo del tipo Future Seas, que evocaba el nuevo «mar de posibilidades» o al menos se parecía a Great Lakes. Por cierto: Sara hablaba árabe, así que sería ella quien llevaría las negociaciones.

Turek estaba perplejo. Driessen, cuya empresa estaba teniendo problemas para ampliar el territorio de su ciudad experimental en tres o cuatro calles, que tenía que robarle a la ciudad de toda la vida, pensaba con tales delirios de grandeza —como todos los que alcanzaban el éxito en el Silicon Valley— que, nada más y nada menos, planteaba reconfigurar el mundo por entero. Y su empresa no construiría *una* ciudad inteligente, sino muchas, y no solo pretendía construir *smart cities*, sino —ya puestos—, también mares y océanos. Hacer descender de nuevo el nivel de los océanos. Cambiar el clima. Atacar al sol.

***

Ahí estaba, a la luz de la mañana: la ciudad inteligente, el futuro. Fíjense en lo que pasa. Los cambios apenas son perceptibles. La ciudad sigue ofreciendo el mismo aspecto de una ciudad de las de siempre, hay plazas con niños jugando, cafés, unas personas que pasan en bicicleta muy sonrientes, algún que otro taxi parado. Hay edificios con puertas y viviendas y terrazas. Hace buen tiempo, el agua de una especie de laguito artificial parece muy limpia, hay alguien pescando, una gaviota posada en un bolardo la contempla con ojos golosos, un hombre hace una foto, las chicas jóvenes van en minishorts. Las casas son de madera, con su buen aislamiento, con sus placas solares en el tejado que producen más energía de la que consumen.

Algo falta: no ven atascos, ni camiones de basura. Allí ya nadie necesita el coche, todos van a pie. ¿Les apetece ir en patinete eléctrico algún día? Con su pareja, uno detrás del otro. Es romántico. La basura se deposita bajo tierra. Se tira mucho cartón, eso es por la gran cantidad de paquetes que llegan del viejo mundo. Mire, allí al fondo ve el portal de una casa. ¿Se acuerdan de lo fresquito que se estaba en uno de esos pisos en un día de calor? Las cortinas flamean ligeramente con la brisa, las ventanas están abiertas. Bueno, no todas, eso no puede ser por temas de equilibrio energético. No se pueden abrir todas las ventanas, solo una por vivienda, eso está reglamentado. Pero sí, en esa ventana concreta, ahí se mueve la cortina. El piso es amplio y luminoso. Lo que no se ven son los sensores. Pero están. La casa aprende. Algún día captará si quien la habita desea estar solo o si es que se siente solo. Actualmente ya sabe ponernos música, si se lo pedimos. La casa tiene ojos y oídos. Sus paredes y sus suelos son como una piel con muchos receptores que perciben por dónde camina o dónde se tumba su morador. La casa tiene muy pocas ventanas, pero respira a través de esporas de ventilación que obedecen las órdenes de

sensores que también controlan la calidad del aire, el nivel de oxígeno y la temperatura ambiente. El aire que entra en la casa no es la habitual mezcolanza de oxígeno y contaminación, sino aire del campo, como quien dice. La casa enciende la luz donde se necesita y la apaga donde no hay nadie. La casa captará su estado de ánimo y regulará la iluminación en función de este. Si le pasa algo, será capaz de pedir auxilio. Le propondrá planes para pasar la velada. Llamará a sus amigos. Pedirá comida y, por las noches, calentará la cama y le tendrá una tisana preparada. La casa, hasta ahora, era un cajón muerto en el que uno se escondía. Ahora se ha convertido en una amiga, un ser vivo. La gente no tardará en ponerle nombre a sus casas, por qué no. Antes, si una persona hablaba con los objetos se pensaba que estaba tarada; hoy, los objetos nos responden y recuerdan lo que les hemos dicho. Hoy ya no estamos solos ni siquiera en el dormitorio.

No estar solo nunca más.

¿Quién podría estar en contra de eso? Es demasiado cómodo para armar una protesta, es ecológico y seguro y, en serio, ¿de qué le sirven a la gente esos pocos datos de los que se apropiaría la casa aquí y allá?

***

Aura estaba tumbada en el sofá con sus gafas de realidad virtual, viendo vídeos. Parecía algún tipo de animal elegante con unas antiojeras muy grandes. En ese momento recorría una selva. Turek se devanaba los sesos redactando un texto que planteaba si el Estado tendría alguna forma de crear una infraestructura digital que los ciudadanos pudieran utilizar sin dejar huellas, una *app* de taxis públicos que no almacenase los datos personales, un buscador público, un anti-Google. Como ya no se le ocurría nada, se puso a mirar a Aura con su Oculus. A veces, se pasaba horas y horas sin salir de su realidad virtual; movía la cabeza como un robot sonámbulo en pos de los animales que veía en los vídeos, estuvo buceando con tiburones nodriza y se acurrucó en el hueco de un árbol gigantesco de la selva de Uganda hasta que, con ánimo guerrero, decidió quitarse las gafas un rato, se pintó las uñas de rojo y se quedó con las manos abiertas para dejar secar el esmalte que parecía el águila del escudo nacional en modo cabreo; luego desapareció para ponerse a trabajar su tesis.

Turek se asomaba por la ventana. La noche anterior había estado nevando, el viento había dejado arabescos blancos en el suelo del *parking*; al fondo, a lo lejos, se veían las festivas luces de las torres de oficinas del centro de la ciudad. Se oía el rumor del tráfico en la calle. Aura se rascó las piernas, en tensión hasta tal punto que los músculos de los muslos se le marcaban como un delgado arco por debajo de la piel. Al final se volvió a quitar las gafas de realidad virtual y no pudo evitar guiñar los ojos con asombro al toparse con la estridente luz de la realidad real.

—Turek, ¿qué haces?

—Mirar por la ventana.

En el exterior estaba cambiando la luz, empezaba a ser de un azul intenso. En los aparcamientos de la orilla del río se apelotonaban los últimos oficinistas, sus edificios de interiores de neón esperaban a las brigadas de limpieza que habrían de restaurar el orden tras los destrozos del día.

Turek estaba sentado en una silla de diseño de Konstantin Grcic, de esas que imitan como una red, así con mucha arista metálica que se te clava en la carne a modo de castigo si te pasas demasiado tiempo sentado... buena motivación para cambiar de actividad con frecuencia, cosa que no afectaba a Aura, que podía pasarse todo el fin de semana en el sofá: salía de la cama por la mañana, con la cara escondida tras una maraña de pelo revuelto de dormir a través de la cual se asomaba al día ella, pero sin que nadie se pudiera asomar a su rostro, y se desplomaba directamente en aquel sofá, leía los correos, luego hacía el esfuerzo de ponerse un café y pasaba el resto del día hecha un ovillo, con las bronceadas piernas envueltas en una manta de cachemir y entre montones de mullidos cojines que solo raras veces abandonaba, deslizándose hasta el suelo tan silenciosa como un cocodrilo, y allí hacía unos cuantos ejercicios gimnásticos asombrosos, se ponía de pie, se estiraba y subía de nuevo majestuosamente a su sofá isla, cuyas montañas de almohadones algún día se le vendrían encima y la engullirían, como una ostra que vuelve a cerrarse.

Más allá de las torres de oficinas veía Turek las ruinas de la vieja industria, los polígonos abandonados, las grúas que alzaban hacia el cielo unos brazos cada vez más oxidados, la chatarra de una sociedad industrial en extinción. La autovía pasaba por encima de las calles más pequeñas sobre gruesos pilares de hormigón y luego casi parecía no caber entre las torres, pasaba tan cerca de donde vivía Turek que les veía la cara a los conductores, envueltos en sus abrigos con aire cansado, como roedores en jaulas de hojalata y cristal ahumado, sin moverse, como si eso fuera a salvarlos de ser devorados... porque al instante se los tragarían túneles y bocas de garaje para regurgitarlos hacia las distintas plantas de oficinas, ansiosas por verse rellenadas de empleados y secretarias y auxiliares contables y encargados de mantenimiento y vigilantes de seguridad. A todo aquello no le quedaba mucho. Todo se iba a digitalizar. ¿Qué sería, entonces, de las torres de oficinas?

Llamó Driessen. Aura oyó retumbar su voz metálica a través del móvil de Turek, y debía de estar rabiando por algo porque, después de colgar, Turek se había puesto muy colorado.

—Lo que pasa es que no cae bien —dijo Aura—. Tiene que hacer algo, lo que sea, para resultar más simpático.

—Como, por ejemplo... ¿qué?

—Yo qué sé. Podría hacer algo que realmente tuviera sentido. O, cuando menos, apadrinar a un simio.

—¿Cómo?

—Lo que oyes. Estaría genial. Sería simbólico: los señores que se están llevando de las montañas todas las materias primas, porque les hacen falta para su sociedad digital, también se preocupan por la especie a punto de extinguirse en cierta colina, y no solo por culpa de las minas. Vamos, que igual hasta se lo vendes a tu departamento de relaciones públicas.

Turek contemplaba la autovía. Pasó un camión de ganado en el que se reconocían las cabecitas de los animales por la forma, seguido por un bus del servicio directo al aeropuerto cuyos viajeros iban igual, cada uno en su ventanita, inmóviles; el haz de luz de las farolas les pasaba por la cara como un fogonazo.

Llamaron a la puerta. Hacía una hora, a una de las amigas de Aura se le había ocurrido ponerse a curiosear en Tinder en un rato perdido, mientras esperaba a que se quedara libre algún hueco de aparcamiento en el supermercado, y había encontrado a su exmarido, usando un nombre falso igual que hacía ella, pero con una foto auténtica, a diferencia de la suya. De entrada no lo había reconocido y ya iba a pasar de él, cuando se dio cuenta de a quién iba a eliminar con todo su corazón... «Si es que no vale nada, no hay más que verlo, con ese pelo ahí todo repeinado, esa boca que no tiene forma de nada, esa mirada impasible, fría, como cerril, de analfabeto emocional»... Y ahora estaba al borde del ataque de nervios y, como en su casa ya se había bebido hasta el agua de los floreros, necesitaba una copa amiga. Aura, en bragas y con su jersey de cachemir de varias tallas de más por toda vestimenta, la había instalado en uno de los aparatosos sofás de color blanco nieve de Turek y volvía de la cocina de puntillas a sentarse con ella, con sendos Bourbon Highball y un paquete de palitos salados («ay, esa manera de caminar como una gacela, ese jersey como para alojar a dos personas, si es que...», pensó Turek conmovido).

A Aura se le antojó una pizza. A Turek también le apetecía la pizza. Ahora bien, ya había pedido pizza dos veces esa semana, porque siempre había llegado a casa tarde, y, al tercer día, una de sus *apps* de salud le había enviado una carita en forma de pizza que guiñaba un ojito, y le había guiñado el ojito dos veces, y luego había salido un bocadillo de texto con el mensaje: «¡Hola! A los dos nos gusta mucho la pizza... ¡ñam! Pero de vez en cuando... (te guiño el ojito, una, dos veces) hay que comer cositas sanas». Y luego la puñetera carita se había ido y, como por arte de magia, había aparecido por sí sola la *app* del contador de pasos, que no ofrecía un registro de la semana como para presumir... Si volvía a pedir una pizza... como el aparatejo estaba conectado al sistema de seguimiento del estado físico de su aseguradora médica, a lo mejor...

—¿Turek?

—Dime.

—¿Nos pides una pizza?

—Eeeh... Igual mejor la pedimos desde tu móvil, porque es que...

—¿Turek?

—¿Hmm?

—¿Te pasa algo?

Al formular esta pregunta, la cabeza de Aura se había ladeado ligeramente, lo cual, para empezar, no era buena señal; sus ojos (que eran preciosos, negrísimos) se habían convertido en dos rayas que, unidas a las cejas, formaban dos impacientes signos de =. Turek no quiere pedir una pizza = cosa muy rara = ¿qué tornillo habrá perdido? ¿Por qué no pide una pizza y ya está? A ver, ¿por qué?

—Casi que... mejor voy a recogerla yo en directo y así... bueno, pues así tenéis... un rato a solas las dos —balbuceó Turek y salió de la casa.

El aire de la calle era frío y tonificante. Pasó un coche sin conductor, en su interior: dos jubilados con la mirada fija que parecían dos momias insatisfechas de camino al Más Allá a velocidad propia de tan eterno lugar. A ver dónde comprar una pizza... Obviamente, allí no había posibilidad de conseguir una en kilómetros a la redonda. La cantina de la oficina tenía una máquina 24/7 de la que sacarse ensaladas de quinoa. Pizza... nada, la única opción era ir a la ciudad de siempre.

Turek hizo algo que llevaba mucho tiempo sin hacer: sacó el coche del garaje y se puso en marcha por las buenas, sin mirar el navegador para nada, simplemente giró hacia donde las calles se le antojaron prometedoras. Así fue a parar a una parte de la ciudad que no conocía, ni siquiera por los planos del proyecto de ampliación del área de la *smart city* que denominaban Plan 2030. Allí, la luz era más oscura y, al mismo tiempo, más chillona. Había un asiático de comida rápida y un café libanés y un bar y una pizzería. Dejó el coche en segunda fila. Pidió tres pizzas y una cerveza. La mujer que le atendió en la barra tenía aspecto de italiana, pero luego resultó ser de Damasco. Turek salió a esperar el pedido a la calle, apoyado en el coche con la cerveza, y leyó en el Instagram de Sara: «*This one gets me SUUUPER excited!* —emoji de la flamenca—: *Next week I will join a yoga ceremony! What to expect? Yoga, transcendental dance and drum meditation! Save your spot now, tickets available via yogaceremony.everbrite.com*».

Pasó un coche de policía a toda velocidad.

En la alcantarilla se veían huesos de patas de pollo mordisqueadas y latas de cerveza hechas un gurruño. Uno de los libaneses plantó una silla entre dos coches aparcados. Pasó un todoterreno de color oscuro. Iba con la ventanilla bajada, porque el conductor se estaba fumando un pitillo. En el interior del coche, donde no viajaba nadie más, se oía gritar una voz femenina, como si el conductor fuera oyendo un serial por la radio o algo, pero luego farfulló: «¡Que no, mujer, que no, vaya tontería!», y el serial dejó de oírse unos instantes para luego resurgir el griterío con más furia todavía; ahí quedó claro que el conductor iba hablando por el manos libres con su señora.

***

Unos días más tarde celebró su cumpleaños Jonathan Illenberg. Vivía en un piso pequeño, con un salón y un dormitorio, en una torre construida en los años sesenta. Lo había alquilado de estudiante y no había vuelto a salir de él; pasaba de pisos antiguos con techos altos y mesas de comedor para veinte invitados, y las vistas de la ciudad que tenía desde allí eran incomparablemente mejores. Muebles no tenía casi, lo único que parecía abundar y sobrar era bebida: el suelo estaba todo sembrado de botellas a medias, como si hubiese tenido allí a una pandilla de niños jugando a la botella. Illenberg introdujo el sacacorchos en el corcho, acercó la botella al móvil todo lo que pudo y tiró fuerte para descorcharla de una vez.

—Me intriga si «descorchar una botella» ya está entre los sonidos que reconocen —dijo, mirando la pantalla con inquina—. Ahora, o me empiezan a llegar ofertas de alguna tienda de vinos o un aviso de que ya me he bebido dos litros de alcohol. O me quieren vender un seguro de vida...

—Probablemente las dos cosas —dijo Turek, que acababa de descubrir una guitarra y una antigua escopeta de aire comprimido en la penumbra de la habitación. Sin decir palabra, señaló con el dedo en su dirección.

—Recuerdos de mi padre —dijo Illenberg, haciendo un vago gesto con la mano en dirección a la ventana, como si su padre acabara de marcharse por ella—. Es lo que me dejó en herencia antes de irse a Australia. Decía que allí un hombre joven tenía todas las oportunidades del mundo. A tocar no me enseñó. Y a disparar tampoco.

—Tu padre... ¿es australiano?

—Solo vive allí con su nueva esposa. En realidad es sueco.

Un grupito de invitados se había apretujado en la terraza a fumar.

—Pero sí que se me ocurre algo para animar la fiesta —dijo Illenberg—, mi abuela me enseñó un poco de piano.

De la espesura de cosas caídas detrás del sofá sacó un teclado, lo enchufó, tocó varias veces el «la», y entonces sus dedos regordetes empezaron a tocar los primeros compases de «Underpass» de John Foxx con una agilidad increíble. Turek se quedó pasmado. Illenberg sonrió como un niño grande, dejó el teclado a un lado y continuó con sus vaticinios para el desarrollo mundial: para salvar el clima del planeta, sin duda, era ventajosa la destrucción del individuo capitalista-liberalista junto con su afán de consumo, sus anhelos y esperanzas y su egocentrismo, mediante la creación de sistemas de digitalización integral y con un control centralizado. Un sistema de puntos como el que tienen implantado en China para controlar por completo al ciudadano, al que mantienen contento a base de pequeños premios y regalos, llevaría a la gente a consentir más o menos de buen grado que el Estado redujese los niveles de consumo de energía y de alimentos hasta el límite que garantizaría la supervivencia del país entero. En Estados Unidos cabía esperar que, incluso en los mayores momentos de crisis, sequías brutales o tornados, la gente se empecinara más en defender sus privilegios de seguir viajando en avión y comiendo carne a diario y usando el coche cuando y como les diera la gana... es más: cuanto más terribles fueran las inundaciones y las tormentas de nieve y las sequías y la desertización, menos dispuestos estarían a renunciar a ir al trabajo en su SUV, pues en caso de catástrofe aún podría servirles para salir de la ciudad. Tal vez esa cerrazón acabaría llevando a China a iniciar una guerra contra los Estados Unidos.

Turek fue a por otra cerveza. Le caía muy bien Illenberg. No cabía duda de que el marketing era lo suyo. Turek solo se preguntaba cómo había llegado a la empresa, los tipos como él eran una auténtica rareza en el gremio, una especie en extinción; ya no quedaban melancólicos de su categoría entre toda aquella gente de las *start-ups* que se caracteriza porque todo apunta hacia arriba: su nariz, el cuello de su camisa, el pelo... Alguien había contado que Illenberg era amigo de Sara. De ser cierto eso, Sara debía de tener alguna faceta que Turek no había descubierto aún, la que congeniaba con tipos como Illenberg.

En la cocina, la mujer del abogado corporativo charlaba con Aura. ¿Ella también lo había oído? Seguro que sí. Los animales estaban haciendo cosas raras. Se acumulaban los incidentes. Una mantarraya había picado a una persona en el corazón, se habían dado dos casos. Y de elefantes que destrozaban pueblos. El incremento de las mordeduras de perros era considerable, y había una teoría según la cual los animales *se estaban aliando contra el ser humano*. Al pasar por su lado, Illenberg se sumó a ellas y dijo que a él le daba más la sensación de que era el internet de los objetos lo que empezaba a comportarse como el mundo animal, que los objetos de pronto hacían cosas que los humanos no comprendíamos y que nos encontrábamos como los biólogos ante animales salvajes a la vista de lo que hacía la IA, y que, claro, ahí teníamos dos ecosistemas cuyo comportamiento siempre era impredecible y que desarrollaban una lógica que se nos escapaba por completo...

Faltaba poco para la una de la madrugada. A los invitados que se iban, Illenberg los acompañaba a la puerta para despedirlos con un torpe conato de abrazo. En una comodita de Ikea, junto a una botella de bourbon medio vacía, había un billete de Aerolíneas Argentinas.

—Una cosa, chicos.

Illenberg se repantingó en el sofá.

—¿A vosotros os gusta esta ciudad?

—No está mal —dijo Turek.

Aura no dijo nada, sino que se limpió una gotita de whisky del reverso de la mano con el meñique.

—¿Sois conscientes de que ya tenemos más o menos la mitad de la vida a nuestras espaldas? Yendo todo bien, dentro de cuarenta años estaremos muertos.

—Cuarenta años es un montón —dijo Aura.

—Y eso sería el *best case scenario.*

—El *best case scenario* aún no lo conocemos en absoluto —dijo Turek.

—¿Te refieres a que, en algún momento, tendrás la posibilidad de descargar tu persona al completo y guardarla en un avatar, un Roboturek?

—Uno que no se llame Valdemar —intervino Aura riéndose.

Turek la fulminó con la mirada.

—Pues yo lo que no quiero es seguir aquí mucho más tiempo —dijo Illenberg y apuró su copa de un trago.

—Pero si acabas de empezar en la empresa...

—Es un trabajo de mierda. Lo voy a hacer seis meses. Y luego me largo.

—¿Y adónde vas a ir?

—A Argentina.

—Mira tú. ¿Y qué harás allí? ¿También te dedicarás al marketing? Porque irse a otro lugar no sirve de nada —dijo Aura—. Allí serás exactamente la misma persona que eres aquí. Sería mejor hacer algo distinto, pero aquí. Espérate a ver qué pasa.

—Si es que es justo eso. Aquí no pasa nada. La gente es demasiado lerda, la ciudad es demasiado fea. Un día se me ocurrió pasarme la noche por ahí. Me fui a cenar al Goldener Hahn y luego de fiesta al Ficken 3000 y al Möbel Olfe. Superagradable todo. La gente no estaba mal. Pero no surgió ningún vínculo con nadie. Los únicos que realmente me cayeron bien fueron los de la patrulla que me pidió la documentación en Kottbusser Tor.

Aura lo miró y se reacomodó en el sofá con la espalda más recta.

—A ver, Jo, dime una cosa.

Illenberg le devolvió la mirada como quien espera un veredicto más que una pregunta.

—¿Ahora mismo sales con alguien?

—No. Salía con una chica. Pero igual era demasiado temperamental para mí. Es que era del sur...

—¡Anda! ¿Italiana, española o así? —preguntó Aura, dándose cuenta de que a Illenberg no le hacía ninguna gracia hablar del tema y guiñándole un ojo.

—Qué va. De Stuttgart. Para los de aquí eso ya es el sur.

Illenberg sirvió otra ronda.

—Y, ¿sabéis?, en Buenos Aires, por lo menos...

—Déjate de Buenos Aires —dijo Turek—. ¿Estando como estás, pretendes irte a una ciudad donde tienen un psicoanalista por cabeza? Ya te digo yo que no hay nada más aburrido en el mundo que la pampa del sur de Buenos Aires.

—Eso no es así, para nada. ¿Has estado alguna vez? Es fascinante. Es todo lo que no tenemos aquí, inmensidad, tranquilidad, gente encantadora, nada de encontrarte un pueblo igual de feo que el anterior cada tres kilómetros. Argentina es como Europa sin todos los errores que ha cometido Europa. Argentina...

Turek se terminó la copa. No había nada que hacer. A Illenberg se le había metido en la cabeza que en Berlín no había quien aguantase, con lo cual no aguantaba más en la ciudad. Aura se había quedado dormida de golpe, con la copa en la mano en una postura como si pidiera limosna. Turek la despertó: tenía que irse a casa a relevar a la canguro de Louis.

Aura acercó a Turek hasta la suya en el coche y él se apeó en la frontera entre la ciudad de siempre y la nueva. Eran las dos de la madrugada; la ciudad, apenas iluminada, se dibujaba como una silueta negra a la orilla del río en el que solo se reflejaban unas cuantas farolas de un amarillo mortecino. Turek recorrió a pie los escasos metros desde la barrera hasta su edificio. Su piso estaba justo al lado de la torre de oficinas, en un *passivhaus* de madera diseñado por un arquitecto danés adicto a los soláriums; cada piso tenía su propia terraza en el ático, el arquitecto había recibido muchos premios por aquel edificio. Trescientos inquilinos formaban parte del proyecto piloto. Driessen había anunciado que, como allí se ahorraba tanta energía, los recursos que sobraran podrían aplicarse a la reducción de los alquileres, y luego, además, cada inquilino podría decidir si aún reducía más el consumo en función de su propio comportamiento. A algunos les habían hecho firmar un consentimiento con el fin de que sus datos pudieran utilizarse en los análisis y valoraciones, y a cambio les dejaban los pisos a un precio inferior al oficial. En los medios habían criticado esta iniciativa, y se publicaron algunos artículos muy duros, pues consideraban que aquello era vender los datos a cambio de una rebaja del alquiler, pero a la gente le importaba más la perspectiva de conseguir un piso grande por 1000 euros al mes que lo que pudiera pasar con aquellos datos suyos. Además, quienes se instalaran en los pisos nuevos, tendrían el gimnasio gratis, y si además contrataban el paquete de salud, que también permitía el acceso a sus datos, recibían un informe diario de su estado físico en el que les informaban de los riesgos y les hacían propuestas de optimización. Si luego hacían caso de las propuestas y se apuntaban a alguna clase del gimnasio o pedían algún producto de *fitness*, obtenían más beneficios todavía.

Pero que todo era voluntario, en eso había insistido Driessen en la conferencia de prensa: en nuestro edificio también es perfectamente posible, si uno quiere, quedarse todo el día sentado comiendo hamburguesas. Ahí se oyeron risas, Driessen llegaba a la gente, y llegaba bien, no daba la sensación de ser ningún fanático; peinaba las suficientes canas como para que le encontrasen un aire experimentado, paternal, cordial incluso, y al mismo tiempo estaba lo suficientemente en forma como para predicar con el ejemplo sobre los beneficios para la salud que ofrecía la vida en su nueva ciudad.

***

Al volver de California, Driessen se había comprado una villa en el campo, una antigua finca señorial con escudo de armas y torre y embarcadero privado en el lago, un casoplón en plena naturaleza. Durante los primeros meses, los Driessen disfrutaron de tan caballeresco retiro y dieron unas cuantas fiestas en las que los invitados tuvieron ocasión de elogiar el imponente escenario («¿Pero cuántos metros cuadrados tiene?». «Unos 6000». «¿Y eso solo de vivienda?». «¡Madre mía, Alexander!»). Cierto era también que, en recepciones de mucha gente, había llegado a captar ciertos comentarios venenosos del tipo: «Ya, ya, aquí es donde vive el dinero con el que se hace la revolución tecnológica... aparadores de caoba, porcelana alemana de la mejorcita...». Lo único que daba un indicio del ámbito principal de los negocios de Driessen —a saber: la interconexión digital de todas las cosas— era una chimenea de la marca italiana MCZ que se podía encender y apagar con el móvil y precalentaba la casa y conservaba el calor durante la noche; ya no hacía falta, pues, prender bolas de papel de periódico y soplar y echar troncos cuando se apagaba el fuego; todo eso se resolvía a través de una *app*, y si se daba el caso de encenderla sin querer al sentarse encima del móvil, como le había pasado una vez, lo único que pasaba era que su mujer se llevaba un susto, pero no se quemaba la casa, porque la chimenea estaba completamente aislada y no podía entrar ni un ápice de humo o de brasa en el salón; allí tenían su fuego de verdad, pero únicamente como cálida imagen. Durante los primeros meses, Driessen salía a diario a correr por el bosque, pero su gozo halló un brusco final una mañana de verano en que se le cruzó en el camino una hembra de jabalí de respetable envergadura. Driessen ralentizó el paso e intentó dar un rodeo. El bicho, por su parte, tenía ganas de echar una carrera, inclinó la cabeza y se acercó a Driessen, que volvió a acelerar, con lo cual acabaron a una velocidad que obligó al humano a trepar a un pino joven que, entonces, se cimbreó de un modo preocupante. La fiera se detuvo al pie del árbol, con la cabeza baja y ladeada, haciendo unos ruidos que parecían una queja porque Driessen hubiese hecho trampa en la carrera. Este, por su parte, estaba en una postura incomodísima; a la humillación de haber sido perseguido hasta la copa de un arbolillo por una cosa que la gente como Jonathan Illenberg solía comerse con patatas, col lombarda y compota de arándanos, se le sumaba el dolor de las heridas que se había hecho en la cara interior de los muslos al trepar por el tronco resinoso. La jabalina parecía no tener otra cosa mejor que hacer, porque no hacía ademán alguno de irse, y allí seguía esperando, ahora con la cabeza levantada, a ver si el humano bajaba del árbol. Driessen la tenía tan cerca que podía olerla. Intentó, sin perder el equilibrio, alcanzar el móvil, que llevaba en el bolsillo trasero del pantalón, y, de hecho, consiguió pescarlo, aunque una vez estuvo a punto de caerse encima de la fiera; lo desbloqueó con la punta de la nariz, furioso porque un animal hubiera sido capaz de ponerlo en semejante tesitura, y llamó, como hacía siempre en casos de apuro, a su mujer, a quien siempre consideraba en cierta medida co-culpable de todo lo que hacía y le salía mal (ella era quien se había empeñado en comprar aquel castillo en el campo, ¿o no? Porque él se quería mudar a una villa de estilo futurista del arquitecto de Brad Pitt, pero a su mujer le había parecido que era «demasiado aséptica», ¿o no? Exactamente. Y exactamente por eso se las veía ahora así, con los muslos ensangrentados y pringados de resina en lo alto de un pino delgadito que crujía con las primeras ráfagas de una inminente tormenta de otoño).

—¡Me cago en el campo y en todo lo que se mueve! —gritó Driessen al teléfono en cuanto su mujer le respondió.

—¿Holaa? ¿Pero tú dónde estás?

—En lo alto de un árbol —gritó Driessen.

—Pues ponte en otro sitio, porque no te estoy entendiendo nada.

—¡Que no puedo! —gritó Driessen—. Estoy en lo alto...

—Y deja de dar esas voces. Mira, mejor me vuelves a llamar cuando te hayas calmado. Es que esto no hay quien lo aguante, por favorrr... —le espetó su mujer y le colgó.

Driessen estaba tan fuera de sí que, en el intento de llamar a los bomberos —aunque no tenía claro que fuera buena idea, porque montar el follón de que acudiera un coche de bomberos hasta allí, al bosque... y era muy posible que en él fuera alguien del pueblo, y lo reconocerían... a él, el propietario del gran señorío, malamente encaramado a un pino por miedo a un cerdo... y por otra parte, el animalito hacía unos ruidos de lo más inquietante—, con los nervios perdió el equilibrio, con lo cual se cimbreó tanto la rama a la que se agarraba que la rama se rompió, y Driessen fue a parar al suelo desde una altura de *tres* metros, en caída libre vertical, y aterrizó justo al lado de la jabalina, que entre la velocidad y el ruido sordo del golpe se llevó un susto tremendo y salió por patas lo más deprisa que pudo.

Esta batalla la había ganado, en cierto modo, Driessen, aunque fuera con sangre, sudor y moretones, pero lo que, desde luego, no quedó indemne fue su relación con la naturaleza. El *running* de las semanas siguientes ya solo tuvo lugar en la habitual cinta del gimnasio con vistas al tráfico del centro de la ciudad. Los patos que al principio alimentaba con entusiasmo y que, en cuanto pisaba por el embarcadero con su bolsa del pan, se arremolinaban a su alrededor como los fans de una estrella del rock que se digna a mostrarse en público al cabo de mucho tiempo, ahora le daban repelús y, como los viera dormitando por allí, les lanzaba ramitas, piñas y al final incluso piedras; de igual modo acabó a pedradas con el zorro, que cada vez se acercaba con más descaro a la casa y la terraza, hasta el punto de asomarse por los grandes ventanales del salón como un perro y no como un animal salvaje. También el topo se convirtió en su enemigo: Driessen trató de envenenarlo con unos cebos que encargó por internet a Polonia, pero como no le hicieron nada, perforó sus túneles para introducir una manguera del jardín y gasearlo con el monóxido de carbono de la máquina cortacésped. La hojarasca que, en otoño, cayó a mansalva de aquellos árboles tan altos cuya frondosidad le había deleitado en verano, se le antojó toda una provocación; finalmente y haciendo caso omiso de las protestas de su mujer, los mandó podar de tal manera que las hojas solo cayeran en la parcela del vecino, pero entonces, sin el obstáculo de las ramas, el viento que soplaba del norte iba a dar directo sobre los delgados vidrios de las ventanas antiguas del castillo con un aullido terrible. En conclusión, Driessen se tomó la libertad de ponerle fin al sueño de su señora de vivir en comunión con la naturaleza y buscó un terreno en uno de los barrios residenciales finos de la ciudad donde construirse una *smart home*.

***

Las primeras semanas en el piso que le había proporcionado la empresa, Turek estaba eufórico. Les decía a las persianas que bajaran, y le hacían caso; llamaba a Alexa igual que la nobleza del siglo XVIII tocaba la campanilla para que acudiera el mayordomo, haciendo una reverencia en la puerta y luego cumpliendo con cuanto le pidieran, solo que Alexa era bastante más corta de entendederas y lo preguntaba todo casi compulsivamente para asegurarse de haber entendido bien, como si fuera su amo quien no se expresara con propiedad (¿Quieres decir: «pedir una pizza»? ¿Quieres decir: «llamar a un taxi»? ¿Quieres decir: «escuchar a Shakira»?). También su voz sonaba como la de un autómata que no abriera la boca para hablar, pero eso —como siempre subrayaba Driessen— tan solo era «cuestión de unos pocos años»; solo era cuestión de unos pocos años que Alexa sonara mejor y que, *además*, detectara por la voz de quien diera las órdenes en qué estado de ánimo se hallaba, y que encargara ella sola las cosas que el dueño quisiera y hasta le propusiera cosas para animarse o sosegarse. Con todo, Turek ya estaba muy ufano de tener quien le sirviera: «Alexa, haz tal o cual».

Turek tenía una *app* que seguía su ubicación dentro del piso y apagaba las luces de las habitaciones cuando salía de ellas y las volvía a encender cuando se acercaba, con lo cual daba la sensación de que sus habitaciones lo esperaban. Tiraba la basura por una trampilla conectada a una suerte de gran intestino de metal que clasificaba los residuos y los vertía en sus respectivos cubos subterráneos; el sonido era como el de un aspirador gigante, similar al del retrete del avión. El sistema de aspirado ya se le había comido un cuchillo y unas gafas de sol que se le cayeron sin querer al vaciar un plato de comida por la trampilla; una vez —probablemente debido a un fallo técnico— subió tanto la potencia de aspiración que a Turek le faltó poco para no poder sacar la mano de la corriente. Lo que no fallaba nunca, eso sí, era la interconexión con los demás inquilinos. *Alguien* necesitaba un martillo. *Alguien* tenía tarta de cumpleaños sobrante para repartir. En la pantalla del móvil aparecían constantemente nuevas posibilidades de contacto, y bastaba con indicar que a uno le sobraba tarta de cumpleaños... Siempre había quien respondiera. Era el fin de la soledad del habitante de la metrópoli, del anonimato de la gran ciudad: siempre había *alguien*. Todo parecía flotar alrededor del cuerpo como por arte de electromagia. Salía de la casa y ya aparecía un silencioso robotaxi para recogerlo; levantaba una mano y ya se abrían las puertas; se sentaba en el interior de una cápsula, decía el destino («*parking* este») y exclamaba «*News!*» y al instante le aparecía el resumen de las noticias en la pantalla, en el lugar donde en tiempos iba el conductor. Los primeros días, todo aquello le parecía como una extraña obra de teatro, pero al cabo de una semana se había acostumbrado. Su escepticismo inicial cedió.

Si no era necesario, Turek no abandonaba la nueva ciudad en días. A veces pedía al robotaxi que lo llevase hasta el edificio del *parking*, se subía a su viejo Porsche y se iba a recorrer la ciudad de antes, y ahora, al igual que los atascos de antes en los suburbios de antes, le parecía surreal, hasta peligrosa. Se planteó vender el coche. Empezó a seguir los consejos de alimentación y a vigilarse la presión arterial. Redujo el consumo de café en favor del *chai tea*.

Se tumbaba en almohadas cuyos sensores realizaban un monitoreo del sueño; cada vuelta que daba, cada mínima interrupción de la respiración normal se registraba y se cotejaba con los datos existentes a través de un algoritmo. Comía en platos inteligentes que le calentaban de forma automática la comida encargada por una *app* para hacer la compra. En cada pedido le venían gratis algunos productos que, basándose en sus datos de sueño y circulación sanguínea, le sugerían determinados objetivos en el gimnasio o recursos para resolver problemas físicos menores (teniendo información suficiente —decía Driessen—, en la mayoría de los casos ni siquiera es necesaria la toma de sangre, basta con unos cuantos datos). Los embutidos, la mantequilla y las tostadas habían desaparecido de su dieta sin que se diese cuenta siquiera. Al caer la tarde, si se quedaba tumbado en el sofá o iba de un lado para otro a lo tonto frente a la ventana, una *app* le recomendaba emplear su tiempo libre en ejercitar sus músculos. Su *app* de *fitness* lo animaba a superar sus marcas todo el tiempo. Turek tenía la sensación de que su cuerpo se estaba transformando, poniéndose gratamente más masculino. Hacía más deporte, dormía más, iba al gimnasio con más frecuencia, veía el interior de su cuerpo —la presión sanguínea, la frecuencia cardiaca— en forma de diagrama de la pantalla de su iWatch, como un corredor de coches controlando el estado del motor en función de las agujas de la temperatura y la presión del aceite. Lo primero que le cambió fueron los antebrazos: ahora se le marcaban las líneas de los músculos, como si el iWatch le inyectara energía directamente. Por las mañanas, comprobaba cómo había dormido; la pantalla ya le tenía preparado el informe correspondiente con las fases de descanso e interrupción del mismo. Turek, hasta entonces, nunca sabía qué responder cuando le preguntaban si había dormido bien, siempre decía que sí por cortesía; ahora podía consultarlo. Una *app* analizaba dónde comprar la comida de mejor calidad, calculaba el consumo de calorías a partir de sus patrones de movimiento y lo guiaba en cada momento del día. Él se sentía más seguro de sí mismo, más lúcido y más atento. Probó a fumar cigarrillos electrónicos y, al cabo de pocas semanas, apenas echaba de menos el calorcito de la ceniza al rojo crepitando bajo la nariz cual fogata de campamento portátil. Llevaba ropa que incorporaba sensores, su cuerpo entero estaba rodeado de sensores, atravesado por sensores cuyo tacto frío y liso resultaba, al rozarlos, muy distinto de la calidez húmeda de la piel. Le encantaban todas aquellas superficies lisas que casi no era necesario tocar. Después de una noche con Aura, empezó a depilarse las piernas con una maquinilla de afeitar; también su cuerpo habría de convertirse en un cuerpo liso, en un iBody. La casa lo estaba educando para ser un cuerpo perfecto.

Los compañeros compartían con él sus respectivos progresos en el gimnasio a través de una *app* que tenían todos. Inventaban competiciones para ver quién tenía más resistencia o quién ahorraba más energía; durante el día, a instancias de otra *app*, hacían yoga. Dejaron de ir, como hicieran antaño, al casco antiguo de la ciudad a meterse rayas de cocaína. Celebraban una nueva forma de embriaguez por el derroche, la nueva dureza y lisura y frialdad que desarrollaban sus cuerpos bajo el impulso y la vigilancia de aplicaciones y sensores.

***

Driessen se fue de viaje a Venecia... porque a su mujer le hacía muchísima ilusión. Les hizo mal tiempo, eso sí; llovía mientras su lancha motora atravesaba el fuerte oleaje que una tormenta había levantado en la laguna, y en la ciudad habían construido pasarelas para el *aqua alta* inminente. En el restaurante donde celebraron su aniversario de bodas les dieron unas bolsas de plástico para que se las pusieran en los zapatos en el camino de vuelta y lograsen llegar a su alojamiento. Aquella noche, el agua subió todavía más que de costumbre. Cuando Driessen despertó de un sueño profundo, una delgada serpentina de luz por debajo de los cortinones de terciopelo le indicó que ya era de día. Caminó torpemente hasta la ventana y los descorrió. La lluvia había hecho presión sobre los cristales, y el agua se había filtrado a través de los marcos antiguos, calando en la mullida moqueta roja. Driessen alargó la mano hacia un frutero y se puso a pelar una mandarina asomado a la Plaza de San Marcos. Estaba completamente inundada; vio pasar a un monje con el agua por las rodillas.

A él le venía de maravilla. Si no se hacía algo, todo el mundo acabaría ahogado, como bien podía verse *in situ* de un modo impresionante... claro que ahí tenían la alternativa de Qattara... El agua de Venecia se iría para el desierto, así de fácil... El mar que amenazaba al mundo con tragárselo... un gasto de miles de millones. Se acordó de Turek, que creía de corazón en la tecnología. Él, Driessen, tenía una perspectiva más pragmática: lo que ellos vendían —y no cabía hacerse ilusiones de otro tipo— venían a ser productos; eso sí: los productos más grandes de la historia de un tardocapitalismo muy chungo, intentos geniales, heroicos, de salvar la idea de la superexpansión de la producción hacia un futuro en el que todo habría de ser más verde y más cuidadoso y más reducido;

las ciudades inteligentes, así como equiparlas incesantemente de nueva IA, eran la única oportunidad de ganar dinero a espuertas e insuflarle a aquel mundo de los productos de consumo del siglo XX que se venía abajo sin remisión un nuevo volumen de miles de millones, el mayor plan de recuperación económica de los grandes países industrializados jamás concebido. Solo la creación de las *smart cities* y sus componentes ya supondría un beneficio de miles de millones; su expansión, la soterrada apropiación de las ciudades millonarias ya existentes, otros tantos miles de millones; los especialistas en gestión de patrimonios de Pictet calculaban el conjunto del potencial de mercado en unos 3,7 billones de dólares, y eso que en tales cálculos no entraban todavía las ciudades que planeaba construir él alrededor de Qattara. Jamás había sido posible ganar tanto dinero y, al mismo tiempo, hacer tanto bien a la humanidad y a la naturaleza. Pensando en tales cosas, se adueñó de Driessen una emoción casi religiosa, un sentimiento de agradecimiento profundo que, acto seguido, se transformó en excitación eufórica y en la necesidad imperiosa de darse un homenaje. Tiró las cáscaras de mandarina junto al escritorio, salió al balcón, cerró las temblorosas hojas del ventanal tras de sí y marcó el teléfono de Alina.

***

Sara viajaba a Egipto todas las semanas. Turek, mientras tanto, luchaba contra el escepticismo de los habitantes de la ciudad antigua para venderles las ventajas de la nueva *smart city*, con su gestión centralizada de todo absolutamente, así como para salvar la imagen de Driessen antes de que le pasara lo mismo que a Doctoroff en Canadá, en cuyos discursos ahora trataba de evitar el término «*smart city*» y sustituirlo por «ciudad sostenible creada en función de las necesidades de las personas», y mientras que él intentaba vender la ampliación de la nueva ciudad inteligente en unos cuantos kilómetros cuadrados como una ganancia, Sara se reunía con delegaciones varias en El Cairo, montaba en todoterrenos —varios en fila— con sirena y luz azul que se abrían paso entre los atascos de las viejas arterias urbanas y no apagaban la sirena hasta haber salido de la ciudad. Se reunía en bosquecillos de acacias con expertos en perforación de túneles y recorría zonas de arenas movedizas con catedráticos de Economía. Quedó con unos biólogos que querían tratar del tema de la reubicación de los guepardos. Unos políticos que le regalaron un pisapapeles de mármol en forma de pirámide la advirtieron de la existencia de un poderoso grupo de beduinos, los únicos que consideraban la depresión de Qattara como un lugar habitable, es más, lo consideraban su patria, y con tal de impedir la inundación estaban dispuestos a convencer al gobierno egipcio para instalar una central nuclear en la cuenca, puesto que ya los rusos habían hecho una en El Dabaa... aquello había que imaginárselo: los beduinos montando una central nuclear entre los camellos... Así volvía a surgir la cuestión de la energía atómica en Qattara.

Un día, Sara se acercó al borde norte de la cuenca y se asomó a aquellas marismas salinas desertizadas, ahora barridas por la arena que arrastraba el viento, y no supo decir si lo que veía era una belleza increíble o una increíble catástrofe; en cualquier caso, resultaba difícil soportar la visión de aquel vacío, el silencio infinito de aquel espacio le dio miedo. Allí de pie, en lo alto, se sintió como un creador al que todo le ha salido mal. Se veía que en aquel lugar no había nada que estuviera bien, que en otro tiempo hubo allí un mar y que era un mar lo que el lugar pedía, y no una inmensidad de polvo y arena y un calor cada vez más insufrible; y el argumento de que allá abajo vivían animales y beduinos cuyo hábitat había que proteger le parecía como defender que a los supervivientes de un terremoto que se instalan en las ruinas de las casas no se les pueden quitar sus ruinas. Como no se hiciera algo, debido al cambio climático, aquello sería un horno en un plazo de diez años, haría un calor que tanto los guepardos como los beduinos como los zorritos de Rüppeli se cocerían por dentro. Inundar la depresión era realmente la única salida... o como lo expresó Sara ante sus asesores: «*If we don't set the whole depression under water, everybody is going to die*».

***

Alina esperaba donde el camino desembocaba en la calzada principal. Llevaban dos semanas viéndose, siempre a las once de la mañana, aprovechando que su marido estaba de servicio en el recinto. Driessen paraba con el Tesla junto al cartel amarillo con el nombre del lugar, ella subía, él le daba un beso. Luego iban a un piso que tenía él, un loft en un ático, con cristales tintados y una cama en la que siempre había sábanas blancas. Allí pasaban hasta media tarde. Cada tres días, Jylia, la limpiadora, ponía flores frescas en los grandes jarrones de suelo. Alexa ponía música. Alexa bajaba las persianas. Alexa encendía sus pilotitos y obedecía y cumplía las órdenes que le dieran. Alina se acostaba con Driessen. Luego, Alina se quedaba entre sus brazos fumando, cosa que a él le molestaba mucho. En algún momento, ella tenía que irse para no perder el tren regional que la devolvía a su casa, y Driessen abría todo de par en par con objeto de librarse del humo y se volvía a echar un ratito en la cama, estirado, tapado únicamente con la sábana blanca. Sol del crepúsculo penetrando en oblicuo. Alexa, hazme un café. Acto seguido, los típicos ruidos de traqueteo, bufido y gorgoteo de la máquina y el olorcillo a *espresso*.

Llegó la primavera, llegó el verano, y hacía un tiempo rarísimo. Primero tuvieron un calor húmedo, luego el cielo se puso negro y al ambiente pegajoso se sumaron rayos y truenos una y otra vez. Luego hubo una fase de sequía despiadada. Estaba todo tan seco que se caían las moscas de los cristales de las ventanas, y el olor de los grandes incendios forestales y campos de cultivo quemados llegó hasta la nueva ciudad, que también empezó a oler a fuego y a carbón y se cubrió de polvillo negro y se impregnó de todo cuanto querían mantener alejado de ella.

Aura fue a visitar a Turek. Con su hijo. Lo abrazó en el umbral de la puerta, ladeando la cabeza un poco, con un paso atrás, como si se sorprendiera por la presencia de Turek, y luego su esbelto brazo izquierdo le rodeó el cuello para posarle la mano sobre el hombro, como si literalmente quisiera colgarse de él; así saludaba ella a todo el mundo, pero a Turek siempre le conmovía... mejor dicho: le encandilaba aquella manera que tenía Aura de echarse en brazos de la gente.

Louis estaba detrás de ella; ahora tenía cinco años y era rubísimo, aunque para lo rubísimo que era estaba muy moreno del sol, y, con aquellas greñas que le caían por delante de los ojos y que él, de cuando en cuando, se retiraba con la mano o bien soplando directamente, parecía haberse pasado la vida haciendo surf. Irradiaba una alegría y un buen humor irresistibles, dijo un «hola» bajito y se buscó un sofá y se hundió entre los cojines a observar la habitación. Al cabo de un rato, su mirada fue a dar con la nueva Alexa, lo que condujo a que el niño tímido y dulce como un elfo hasta aquel momento fuera perdiendo la vergüenza a pasos agigantados. Mandó al aparato que se tirase un pedo, le gritó «¡Eres idiota!» y se echó a reír a carcajadas como un diablillo... un poco como los niños que maltratan a las mascotas para ver cómo reaccionan.

—A los niños les encanta torturar a los dispositivos inteligentes, quieren averiguar cuánta vida hay en ellos, o quizá lo hagan por la experiencia de ejercer el poder o por diversión ante las reacciones... con los coches sin conductor hacen lo mismo —dijo Turek—. Una vez que se dan cuenta de que los coches frenan en seco si te lanzas frente a ellos, no paran de hacerlo y se lo pasan en grande con el algoritmo que controla los frenos, lanzan gritos de júbilo como hombres de la Edad de Piedra que hubieran cazado un mamut peligrosísimo.

Desde esta perspectiva, los niños eran un verdadero problema para la nueva ciudad.

***

Aura estaba sentada sin hacer nada, contemplando cómo Louis, con sus deditos, intentaba pinchar palillos de dientes en una castaña. Se sentía muy orgulloso de haber creado una especie de erizo. Aura le preparó algo de comer y le decoró el pan con caras hechas con rabanitos. Después estuvieron viendo vídeos en el móvil, vídeos de ellos dos en la playa. Luego, Aura lo llevó a casa de su padre. El padre tenía otra familia. A veces, cuando mandaba algún mensaje de voz desde el manos libres del coche, se oía el griterío de sus otros hijos en el asiento de atrás.

***

Al día siguiente, Aura fue a trabajar como todos los días. A ponerse los auriculares. A escuchar fragmentos de grabaciones, a apuntar los fallos del reconocimiento de voz. A veces también se topaban con cosas graciosas. Una compañera le pasó sus auriculares.

—Escucha esto.

—¿El qué?

—Toma.

Voz masculina, potente: «Sigue, sigue, por favor, sí, así, justo así, oh, sííí» (0'03). Risas (0'09). Luego: «¡Diosss!», dos veces (0'10). Luego, voz femenina: «Alex, Alex...» (0'12). Fin del fragmento. Aura rebobinó. La cinta no empezaba con la voz del hombre, sino con la de una mujer que decía «Alexa». ¿Decía eso? En realidad, lo que decía era: «¡Alex! ¡Aaah! ¡Oh, sí... Alex!». Y «Alex» unido al «Aaah» resultaba en «Alexa». Mala suerte. Se había activado el asistente virtual. Así, sin querer. ¿Me ha llamado, amo? ¡No, de ninguna manera! Si el caballero hubiera sido un Jan o un Antonio, la IA no se habría tomado la molestia de grabar sus delirios eróticos. «Alex, ah... Sigue, sigue, por favor, sí, así...». El «por favor» como ronroneado desde abajo era de lo más gracioso. Hombres. Aura rebobinó una vez más. Un momento... ¿No era...? Aura se llevó las manos a la cara y luego se mordió el puño, tan exultante de gozo, allí con sus auriculares puestos, como los controladores de Cabo Cañaveral cuando despegaba con éxito un cohete. La voz de la grabación era Alexander Driessen. Con una mujer que no era la suya.

***

Nada más comer, Aura fue a los grandes almacenes KaDeWe y compró el barco de juguete más grande que había en toda la ciudad, dos veces el de Yannis. Fue a buscar a Louis antes de la hora —él se frotó los ojos de la incredulidad—, y lo llevó al Wannsee. Pasaron el resto del día jugando con el barco, que realmente navegaba que daba gusto y no necesitaba que le enchufaran el soplador del jardín, porque hacía viento de verdad. Esa noche, cuando Louis se le quedó dormido encima de un brazo mientras le leía un libro del osito Pooh, Aura le escribió un mensaje a Driessen con la mano libre para decirle que deseaba verlo a la vuelta de las vacaciones que se iba a tomar, y no le contó nada a nadie.

***

Sara al teléfono: que se le había estropeado el coche. Que si no le importaba a Turek acercarla en el suyo a casa de sus padres, que vivían en las afueras. Y ya aprovechaban para hablar de los datos del proyecto. Así acabó Turek, un domingo en que hacía un calor de espanto y sin pizca de viento, recorriendo un barrio de casitas unifamiliares, todas igual de amorfas, con sus tejados a cuatro aguas y la consabida valla de rejilla de madera bien impregnada de carbolíneo alrededor de un jardín que nadie pisaba por miedo a morir churruscado. En uno de aquellos chalets resultó que vivían los padres de Sara, en aquel jardín había crecido —y Sara abrió los brazos como si no solo fuese a abrazar a sus padres sino el cuadrado entero que delimitaban los arbustos de tuya podados al milímetro—, lo cual resultó ser cierto a medias, como se reveló más tarde, cuando la madre le hizo a Turek el tour completo por la vida de Sara a partir de las fotos que tenían en la cómoda del salón: Sara de bebé, protegida del viento con un gorro que le quedaba grande, en un pueblo de Latakia, con el mar detrás; la madre en la peluquería Ala'a Reme Beauty; Sara con cuatro años en brazos de uno de sus tíos frente a la puerta de El-Nasr; mudanza a Alemania cuando tenía seis; el padre de operario en Siemens; Sara en la nieve con una cara muy seria; Sara con cara de susto y el típico cucurucho gigante lleno de dulces del primer día de escuela (había que hacerse cargo de que, por entonces, aún no hablaba una palabra de alemán); Sara rodeada de peluches en su cuarto del antiguo piso de dos habitaciones, con las paredes pintadas en verde menta; el padre en 1988 con su primer coche, un Ford; la mudanza al chalet cuando Sara tenía catorce años... El padre salió al porche, echó unos trozos de carne a la barbacoa y se encendió un cigarrillo cuyo humo se mezcló con el de las brasas, y la madre de Sara sirvió un té y le preguntó a Turek a qué se dedicaba y cómo es que se llamaba así, meneó la cabeza y luego se le antojó dar una vuelta en el Porsche, porque le gustaba la velocidad.

A la vuelta les olían las manos al carbón de la barbacoa. Turek llevaba la cara colorada y se había quemado con el sol. Habían ido con la capota bajada. Aquel calor era distinto de los largos, cálidos y grandes veranos de su infancia, se percibía como un calor mucho más amenazador, como el presagio de una desgracia. Fue el verano del ataque con explosivos a un petrolero en el estrecho de Ormuz. El verano en que Jair Bolsonaro permitió el terrible incendio en la Amazonia y en que se alcanzaron los 40 grados en Berlín: a pocos kilómetros de la ciudad ardieron allí 744 hectáreas de bosque, aunque eso no era nada en comparación con los cientos de miles de hectáreas de selva amazónica que se quemaron o los cráteres que se abrieron en el permafrost. Fue el verano en que la banda Rammstein salió de gira y consumió tales cantidades de diésel en cada concierto que se formaron auténticos tejados de contaminación por encima de los estadios al aire libre (en pleno debate sobre la prohibición del diésel). Fue el verano del humo por doquier.

Turek dejó a Sara en su casa y se dirigió al edificio del *parking* que la empresa había construido justo en la frontera entre la ciudad de siempre y la ciudad nueva. Una cápsula sin conductor que acudía automáticamente al tiempo que entraba por el garaje un *residente* lo trasladaba luego al edificio piloto. Tal vez la diferencia clave con respecto a la ciudad de siempre era que allí jamás se experimentaban temperaturas extremas, nunca hacía ni frío ni calor de verdad. Todo estaba envuelto en una luz azul y agradablemente templado, más bien fresco. Nada de chimeneas, nada de carbón: aquel era un mundo poscarbónico donde se había erradicado el humo, el ruido y la contaminación. Estaba por ver cuánto tiempo tardaba el ser humano en hacerse a la idea de que la fría luz de los móviles y las *tablets* encerraba la promesa de comunicación y cercanía y, por lo tanto, también de calor: del calor hasta ahora asociado únicamente con el crepitar del fuego alrededor del cual se reunía la humanidad desde hacía milenios o con el café recién tostado o con las barbacoas o las velas o los cigarrillos, que a fin de cuentas son como una chimenea o una pequeña hoguera que te enciendes debajo de la nariz y puedes llevarte a cualquier lado. Ahora que el fuego se asociaba cada vez más con un daño grave, las cosas iban a cambiar, y también estaba por ver si era tan cierto que el fuego ejercía en las personas el efecto que se le atribuía desde tiempos ancestrales o si, por el contrario, podía ser sustituido por el resplandor de las pantallas, que recordaba a los acuarios y a los mundos submarinos. Antes, en las canciones lentas de los conciertos de rock, la gente levantaba el mechero encendido; ahora hacía lo mismo con el móvil, creando una imagen titilante más fría y evocadora de la belleza silenciosa de un futuro sin humo. En un plazo de diez años, tan solo los nostálgicos más recalcitrantes captarían el encanto de una película en la que un hombre quemado se enciende un pitillo mientras contempla algo tan contaminante como una fogata.

***

La nueva ciudad fue creciendo. Los apartamentos digitalizados se alquilaban por mucho dinero. Por iniciativa de Turek, el alcalde invitó a Doctoroff a dar una conferencia. Vino, estrechó manos, se atusó el pelo, y estrechó también la mano de Turek, a quien habían sentado a su lado en la tribuna y a quien luego se le quedó la mano peculiarmente húmeda y perfumada. El moderador, un tipo musculadísimo y con mucho pelo en la cabeza, ataviado con la típica combinación de moderador hípster —chaqueta de traje, vaqueros y zapatillas—, lo presentó leyendo lo que llevaba anotado en unos tarjetones sobre su vida y méritos:

—Licenciado por Harvard, banquero de inversiones en Lehman Brothers, a los que no les hizo ninguna gracia que dejase la empresa —risas entre los banqueros presentes—... Después socio gerente de Oak Hill Capitals, una empresa de inversión de capital privado, después vicealcalde de Bloomberg en el proyecto de reconstrucción de la Zona Cero de Nueva York, responsable de la remodelación de seis mil bloques y de la creación de 12 077 395 metros cuadrados de superficies nuevas destinadas a viviendas y oficinas... todo centrado en la protección del medioambiente... Después, CEO de Bloomberg LP y fundador de Bloomberg Government, empresa mundial de gestión basada en datos que facilita información financiera y noticias a sectores específicos y de repercusión en las decisiones del gobierno... Después fundador de la *start-up* Sidewalk Labs, financiada por Google/Alphabet, que ofrecía soluciones tecnológicas para el futuro de nuestras ciudades... Pero, sobre todo, uno de los hombres más importantes —Doctoroff esboza una sonrisita—, más influyentes —se encoge de hombros un tanto apurado— y, sin duda, más inteligentes de nuestro tiempo —Doctoroff levanta las manos indicando que no se ponga a aplaudir todo el mundo—, y es un auténtico placer tenerlo con nosotros hoy... Por favor...

Doctoroff agarró el micrófono, le dio a Turek una palmada en el hombro y se puso en modo orador.

—Muchas gracias por invitarme a esta ciudad maravillosa —empezó en voz bien alta—. Vamos a intentar hacerla más maravillosa todavía. Imaginaos la ciudad antes de que se adueñaran de ella los coches... Día y noche reinaba en la ciudad una animada coexistencia de ciudadanos y comercios. Un colectivo de comerciantes, siempre en distinto número, vendiendo sus productos. Niños jugando en las calles y en los parques sin peligro alguno. Podemos recuperar ese sentimiento de comunidad hiperdinámica, y además hacerlo de tal forma que sean las personas y no la tecnología lo que ocupe el centro de atención.

En una gran pantalla a su espalda aparece una imagen del proyecto del nuevo paseo del Quayside de Toronto.

—El futuro de la ciudad —prosigue Doctoroff— es la comunicación del siglo XXI: aplicaciones, Twitter, etc., en combinación con los medios de transporte del siglo XIX: metros, tranvías, bicicletas.

Señaló una pálida acuarela en la que se veían muchas bicicletas y tranvías en la calle y, por debajo, una red subterránea de servicios, con túneles por donde también iban los vehículos de transporte de mercancías robotizados. El gobierno de Canadá había aportado 1500 millones de dólares para limpiar toda la zona contaminada. Las casas parecían edificios de lofts antiguos, estaban hechas de madera y llenas de sensores. ¿Por qué?

—El primer paso para la mejora de la calidad de vida y la eficiencia de una ciudad consiste en comprenderla —decía Doctoroff.

En aquella nueva ciudad se estaba instalando una especie de capa digital que lo recubría todo, haciendo posible una gestión eficiente del barrio gracias a la recopilación de todas las informaciones acerca de los hábitos y deseos de sus habitantes con el fin de satisfacerlos.

Algunos de los asistentes aplaudieron.

Doctoroff hizo un gesto con la mano para que cesara el aplauso (= gracias, gracias, todavía no).

—¿Alguna pregunta?

Hubo preguntas.

Illenberg preguntó por los sensores del así llamado «mobiliario urbano».

—¿Pretenden vigilar cuán adecuadamente se utiliza un banco de la calle?

Alguien se rio. Doctoroff miró a Illenberg, Doctoroff sonrió un poco intimidado, como si la pregunta lo sorprendiera en un momento vulnerable, y eso pareció conmover a la masa, que hasta el momento parecía dispuesta a reírse de él hasta machacarlo. Doctoroff, entre serio y tímido, puso carita de niño que no ha roto nunca un plato. Dijo que esa era una muy buena pregunta. La cual (respiración profunda) tocaba un punto realmente importante (gesto de asentir con la cabeza a modo de refuerzo del «realmente importante»).

Doctoroff arrugó mucho la cara y respondió con la cordialidad impasible de señor canoso y de vuelta de todo que lo caracterizaba y que lo diferenciaba de la torpe forma de divagar de los millonarios de internet, más jóvenes a la par que más harinosos y siempre con cierta cara de susto cuando les toca hablar a la luz de los focos de un escenario, como si acabasen de retirar de golpe la piedra detrás de la que se escondían. Doctoroff explicó que el mobiliario urbano tenía la finalidad de analizar los perfiles de movimiento para mapear cómo se utilizaba el espacio de una ciudad, y eso era fundamental conocerlo bien para optimizarlo, dado que pronto viviría en las ciudades el 70% de la población mundial, a saber: 6700 millones de personas. El principio básico de todo era el incremento de la eficiencia, el incremento notable de la calidad de vida gracias a la digitalización. Tanto los ciudadanos como los inversores podrían salir doblemente beneficiados: primero por la mejora de la calidad de vida y, segundo, por las tasas de crecimiento de las empresas especializadas en soluciones de esas características.

Se acercó al micrófono dispuesto para las preguntas de los ciudadanos otro tipo. «Hola...». Venía de Steglitz (¡UUUH! Estrepitoso aplauso de los de su barrio), y opinaba que la *smart city* era todo lo contrario de una iniciativa social, que los alquileres eran demasiado altos, que te pedían los datos a cambio y ni siquiera te daban dinero, únicamente esos ridículos...

Doctoroff lo interrumpió. Lamentándolo mucho, tenía que marcharse ya, pero sí, aquel era un punto muy, muy importante sobre el cual no podía decir nada en detalle... aunque, bueno, tal vez sí, pues podía afirmar que en la *smart city* se ahorraba tanta energía que los alquileres bajarían automáticamente para todos, y que en la *smart city*, la interconexión de todos los edificios y medios de transporte, no dejaba de ser la única solución para frenar el cambio climático, que el desperdicio de energía de la ciudad actual sí que era una inmoralidad, y que nuestra era la responsabilidad sobre el futuro de nuestros hijos y que tal y cual... y que, lamentándolo mucho, se tenía que ir ya.

Tomó el relevo para responder a las preguntas Turek.

—¿Alguien más desea...?

Sí, alguien más deseó preguntar algo. Un tipo con los pelos revueltos y una camisa de cuadros grandes. Sandalias destrozadas, cerveza en la mano.

—Usted dirá.

Pregunta:

—Lo del modelo P2P.

—En realidad es una buena idea —dijo Turek con alivio—. Sí, la economía Person-to-Person, le pongo un ejemplo: si alguien va en una bicicleta eléctrica, pero da pedales y de esa forma produce energía en lugar de consumirla, consigue un café gratis en Starbucks. Como premio por no haber derrochado energía. Y por hacer algo beneficioso para su cuerpo. Pero si la persona está cansada, puede ir en la bici en modo eléctrico.

La respuesta no terminó de convencer al que había preguntado.

—¿Me está diciendo que los ricos irán en bici eléctrica y los pobres tendrán que dar pedales? Y eso de que un gran grupo empresarial se queda con todos tus datos, y le quitan al Estado del sistema de salud pública y de educación y asumen las funciones de la policía y, a fin de cuentas, se cargan el Estado... ¿Qué es lo que ha dicho el Doctor Off ese? Reinventar por completo la forma de hacer política... ¿Me quiere explicar qué significa eso, cuando hasta ahora aquí se ha *votao* democráticamente? ¿Van a hacer como en China o qué?

Driessen había desaparecido. Tal vez había ido a acompañar a Doctoroff al aeropuerto. Turek se oyó pronunciar términos como «neutralidad climática», «sostenible» y «en abierto». Dijo lo que siempre decía en situaciones similares: que el mundo estaba al borde de la catástrofe ecológica, que por la gestión ineficiente de los edificios se desperdiciaban millones de toneladas de energía (aquí vio que el moderador bostezaba y clasificaba las tarjetas con preguntas); que la *smart city* sería más segura y más verde y tendría por objeto que todas las personas estuvieran interconectadas...

***

Turek sudaba; el sudor le dibujaba unas líneas muy feas debajo del pecho. Tenía ganas de salir por la puerta, de levantarse y decir: «gente, en estos términos no estoy dispuesto ni a hablar con vosotros, porque de tecnología no tenéis ni la más mínima idea». Tenía ganas de mirar a los ojos a Aura, a aquellos ojos de un castaño muy oscuro. Tenía ganas de... Pero no, no iba a huir de nada. Aguantaría el chaparrón poniendo buena cara hasta que aquel cabeza hueca dejara de hablar y esperaría el momento propicio para *machacar con argumentos* a aquel cretino sin cuello y de manos amorcilladas. A la primera ocasión, ¡zasca! Bien. Eso estaba claro. Aplausos. Aplausos para Turek.

Pero si Turek no había dicho nada... En la pantalla apareció su propia imagen con la boca abierta. ¿Eran gotas de sudor lo que perlaba su frente? Mala señal... Tenía que hacer algo, porque el contrincante estaba embalado y no paraba de saltar de un lado para otro con los ojos inyectados en sangre, como un conejo diabólico, asestándole golpes y cambiando de tema todo el rato.

—Hay que verlo todo en conjunto —dijo Turek con una voz que a él mismo le pareció temblorosa de un modo preocupante—. Todas las casas estarán interconectadas, estamos hablando de la contextualización digital del usuario de la *city*, déjeme que se lo explique...

—¿Qué dice? —voceó un señor mayor—. ¡No se entiende lo que dice!

—¡Aquí nadie habla así! ¡Vienen y nos sueltan un galimatías que no hay quien se entere!

—Yo solo he dicho que hay que ver las cosas en su contexto...

—¿Lo ven? —insistió el señor mayor, señalando a Turek con el dedo con gesto triunfal.

—¡Ya está otra vez con lo mismo! ¡Déjese de palabrerías! ¡Lárguese! ¡Fuera! ¡Aquí no tenemos contextos!

Tumulto, aplausos.

—Yo quiero añadir —levantó la voz una señora— que a mi niño no lo va a educar un algoritmo. ¡Lo que nos faltaba!

—Pero eso no tiene por qué ser incompat...

Antes de que pudiera terminar la frase, alguien del público interrumpió a Turek gritándole que cerrase el pico y dejase hablar a la gente.

¿Se estaba mareando? ¿Acaso no daba vueltas la sala?

—Voy a echarle un cable al señor Turek —intervino el moderador con cara de circunstancias—. ¿Tan malo es contribuir un poco a la educación ciudadana? Sumar puntos para conseguir vuelos baratos bien puede ser un pequeño aliciente para visitar a los padres con más frecuencia... y si uno se excede con la bebida, tampoco está nada mal que el Estado te diga: oye, ten cuidado, que te estás perjudicando a ti mismo...

Turek recorrió la sala con la mirada. ¿Los tipos con que compartía estrado tenían cuerpo doble y muchos dientes? ¿El suelo hacía unas ondas muy extrañas? Iba a decir algo que los convencería a todos de una vez... el argumento clave... la salvación del medioambiente: «si no construimos la *smart city* de manera que las ciudades consuman menos energía, el nivel de los océanos subirá hasta el punto de que...», no, mejor el argumento de la seguridad personal: «quien quiera vivir donde te puede salir un violador en cada esquina, pues que no apoye el cambio...».

—Mírenlo desde esta perspectiva... —empezó a decir.

¿Daba vueltas todo?

¿Se le estaban derritiendo las piernas? ¿Otra vez daba vueltas el suelo, y tan rápido que aquellos descerebrados del estrado ahora tenían cuatro cabezas? ¿Iba todo bien? No, no ¡de bien, nada! ¿Se iba al suelo? Uyuyuy. ¿Qué es esto? Ay, que sí... Pues sí: al suelo, redondo. Se tambaleó hacia atrás y se desplomó como si le hubieran asestado un golpe invisible y desde la nada. Acudieron los sanitarios. Driessen lo mandó tomarse un descanso.

***

Unos días más tarde, Turek recibió un mail anónimo de chantaje: supuestamente le habían metido un *malware* en el ordenador; si no quería que sus últimos cien mensajes fueran enviados a la totalidad de sus contactos almacenados, tenía que enviar 1000 euros en *bitcoins* antes del miércoles siguiente en una *trasferencia* (y ponía «trasferencia», entre otros muchos errores ortográficos que adornaban el mensaje).

En internet empezaron a circular panfletos de ciertos grupúsculos de estudiantes de izquierdas. «No queremos —decían—

que nos corte la luz ningún sistema central supereficiente, porque nuestra libertad no es compatible con vuestra ideología de la eficiencia y la vigilancia. Estamos en contra de vuestra ciudad, fría, insulsa y aséptica, creada para que se forren unos cuantos; no queremos una ciudad donde no queden rincones libres de la vigilancia de vuestras cámaras y donde todo esté prohibido, donde vuestras puertas inteligentes no se abran por no reconocer nuestra cara; no queremos que nuestros hijos, si es que llegamos a tenerlos algún día, viajen en una cápsula sin conductor, queremos caminar por donde nos venga en gana sin que nos graben y nos analicen, no queremos que vuestra IA nos aconseje cómo vivir, no somos los engranajes de vuestra máquina, no somos vuestros esclavos digitales».

Engranajes, pensó Turek malhumorado. Menuda pandilla de nostálgicos. ¿Dónde quedaban *engranajes* en la era de la esclavitud digital?

Dos días después, a última hora de la tarde, cuando Turek quiso ir a casa de Aura, a su coche le faltaban los faros delanteros: al parecer, se los habían robado. Su Porsche estaba ciego en su plaza de aparcamiento, le habían sacado los faros de las cuencas con sumo cuidado, y ahora estaba ahí, el pobre, desamparado y sin cara; donde antes tenía los ojos no quedaba más que un escalofriante amasijo de cables, y era impensable conducir así siendo de noche. Pidió un taxi.

MAR

Se fueron de vacaciones juntos. Habían alquilado por unos días una casa a dos horas al norte de Oporto que tenían unos amigos de Driessen. Condujeron pasando por Braga y Vigo y Pontevedra, hasta llegar a Ribeira. Nada más salir de Oporto, Aura se quedó dormida; siempre se dormía en cuanto se subían al coche; miró a Turek un momento y después echó el asiento hacia atrás y se hizo un ovillo, volvió la cabeza hacia su ventanilla, dobló la pierna izquierda, pasó el brazo por debajo del reposacabezas como si fuera una almohada y, al cabo de nada, estaba dormida. Turek alargó la mano hacia atrás un momento y le levantó la cabeza con cuidado para colocarle un jersey entre la cabeza y el cristal. Se le encendió la pantalla del móvil. La aplicación de la aseguradora le sugería contratar un seguro de viaje con garantía de asistencia a los viajeros.

La casa alquilada a los amigos de Driessen estaba al final de una bahía que se adentraba un hermoso trecho por el interior; antaño había sido el valle de un río y, en algún momento, lo inundó el mar. La ría estaba llena de mejilloneras y, cuando bajaba la marea, el agua que cubría los bancos de arena se veía más clara.

La casa era como una caja de cristal de brillo marronáceo, con unos ventanales que recordaban a las gafas de espejo de los años setenta, muy distinta de las vecinas: viejos caserones de fachadas ennegrecidas y revestidas con conchas de vieira

como protección frente a las interminables lluvias de los meses de invierno que les daban el aspecto de fabulosos animales con escamas.

Una mujer mayor los esperaba a la entrada del camino que conducía hasta la casa. Ella vivía en el pueblo y se ocupaba de la casa para sus ocasionales inquilinos; la abría, recibía a los huéspedes y les servía el desayuno por las mañanas. De bienvenida les tenía preparada una coca casera con anchoas, tomates frescos y hierbas; ellos se la tomaron acompañada de un vino rosado, contemplando la ría. No tardaron en acudir a la terraza dos gatos greñudos que se les frotaron por las piernas y miraron la mesa con la comida con cierto gesto de reproche antes de tumbarse bostezando en el césped que se extendía hasta un seto que ya lindaba con la playa.

La casa tenía puertas automáticas con sensores de movimiento; si te habías echado crema, no necesitabas tocar ningún picaporte, bastaba con dirigirse hacia la puerta. Había una isla de cocina del tamaño de un coche de los normales de la clase media y una mesa de comedor en la que cabían veinte, y sobre ella una hoja de papel donde se explicaba que la encimera de la isla (de aluminio cepillado, dato específico que constaba con no poco orgullo) se tenía que limpiar después de cada uso con un paño especial y agua corriente, en modo alguno con detergentes o estropajos, y lo mismo era válido para los cuchillos japoneses. Se rogaba utilizar zapatillas para no estropear el parqué o las alfombras. Además, se prohibía a los huéspedes utilizar la chimenea y dejar entrar a los gatos que rondaban por la zona (pues podría darse el caso de que el siguiente huésped fuese alérgico al pelo de gato, eso también constaba en la hojita).

Bajaron a la playa, directamente al pie de la casa. Fueron nadando hasta una gran roca desde la cual, en aguas de una luminosidad casi verde, se veían unos peces grandes y orondos nadando entre las rocas con la parsimonia de los visitantes de un centro comercial, que aquí o allá se paran frente a un escaparate y luego siguen deambulando. Bebieron vino, y Aura dijo que ella, solo con oler un vino, ya se imaginaba al hombre que maridaba con él, el aspecto que tenía, la edad... y Turek la miró y no dijo nada al respecto.

Más tarde se tumbaron en la arena a contemplar el cielo de Galicia, con sus nubes ligeras, deshilachadas, como una asombrosa acuarela de pincelada muy suelta. A lo lejos pasaba una barca de pesca. Un castillo de arena no resistió el calor y se desmoronó. Los mejillones de la más alta de las rocas habían perdido el color con el sol y parecía que pronto se convertirían en arena.

Aura había vuelto a quedarse dormida; una de sus largas y esbeltas piernas reposaba sobre las de Turek, y estaba abrazada a él con la nariz tan pegada a su cuello que se le levantaba la punta. Unos cuantos cormoranes rondaban por entre las rocas, insatisfechos, buscando presas. En alguna parte sonó un móvil, pero nadie lo atendió.

El viento revolvía los indómitos cabellos de Aura y le tapaban la cara a Turek, que ya no veía nada, si acaso un poquito de azul centelleante a través de la espesura. Revoloteaban por allí charranes y gaviotas. Al despertarse, Aura se tumbó boca abajo, cruzó los brazos para apoyar la cabeza en ellos y dijo:

—Vamos a ver, tres personas que conoces en realidad son robots. ¿De quién sospechas?

—Yo qué sé —dijo Turek sin querer seguirle el juego.

—¡Anda ya! —rio Aura—. Si está clarísimo.

—No sé —repitió Turek.

Pensó en Sara, en su sonrisa perfecta, en cómo recorría los

pasillos como un tanque alemán con traje de chaqueta, cómo les posaba la mano en el hombro a los visitantes...

—Va. ¿Y Doctoroff?

—Hmm...

—¿Driessen?

—Ese come demasiadas salchichas para ser un robot, no hay robot que aguante eso —dijo Turek—. ¿Y entre tú y él, quién podría ser un robot?

Aura se puso en pie de un salto.

—¡Igual eres un robot tú también! —exclamó, lanzándole un puñado de arena a la barriga.

Turek la agarró, hizo unos cuantos ruidos de robot, y con ella abrazada rodó hasta el agua.

Se quedaron allí una semana.

Pasaban las mañanas en la playa y luego iban en coche a Boiro, a comer *polbo á feira* y vieiras y *mixiotes* en el bar Don Paquito. Después de la comida se tumbaban en alguna de las grandes playas del Atlántico y luego saltaban olas que, cual claras perlitas brillantes, primero se retiraban a sus profundos valles casi verdes con un murmullo, dejando al descubierto una franja de piedrecillas y conchas, y enseguida volvían a ellos en forma de explosión de espuma blanca. Por las noches llegaban a casa quemados por el sol y rebozados de arena, tan pegada a la espalda por debajo de la camisa que ni con un cepillo grueso había manera de quitársela.

Un día alquilaron una barca con la que fueron a la Illa do Arioso y luego a otro peñón con un faro que no tiene nombre y que en Google no sale cuando se busca en «mapas»; hay que recurrir a las imágenes del satélite para verlo, y en cualquier caso sigue sin tener nombre.

Todas las tardes se quedaban en la playa hasta las ocho. Todas las noches, Aura llamaba a su hijo, que se había quedado con el padre la semana entera. A continuación iban al pueblo y luego se tomaban un vino en la terraza con vistas a la bahía, donde el agua primero se teñía de blanco y después, una vez que caía la noche sobre la sierra del Barbanza, era de un negro intenso y

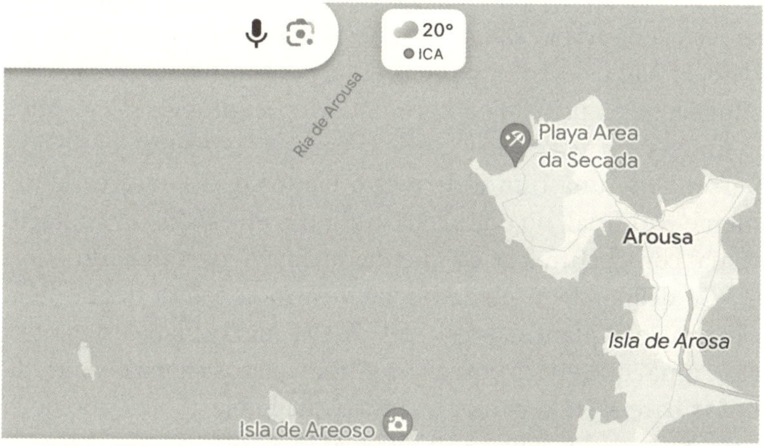

centelleante. Cuando llegaban a la casa, se encontraban a los dos gatos plantados frente al gran ventanal, por fuera, con las pupilas clavadas en el interior de la casa como si pretendieran hipnotizar a alguien; a Turek le recordaban a demonios ancestrales que no estaban dispuestos a que nadie los ahuyentase de allí.

Una de aquellas noches, tuvo una pesadilla. En la oscuridad del cristal del ventanal grande, en el que principalmente se refleja el propio salón, se mueve algo, y no puede ser el reflejo de nadie del interior de la casa, porque allí solo está él. La silueta que en principio interpreta como su propio reflejo, pues lo único que puede moverse de la casa es él, resulta ser de otra persona, de una figura de rostro blanco que se acerca lentamente y, al final, no tiene reparo alguno en establecer contacto visual con él. Turek se da cuenta de que viene a matarlo.

Se despertó en plena noche y miró la esfera negra de la cámara de vigilancia, en el centro de la cual brillaba un pilotito rojo, igual que en las boyas que enmarcaban la zona de entrada de las barcas en la bahía. Lo único que había al otro lado de la ventana eran los gatos asomados al interior sin hacer ningún ruido, como tratando de teletransportarse junto a la chimenea usando el poder de su concentración mental. Desde la casa, algo les devolvía la mirada a ellos.

Ya el primer día se había percatado Turek de que por encima de sus cabezas había colgadas unas cosas redondas que parecían lámparas, pero que tenían esos pilotillos rojos como los de las boyas. Ocho bolitas. A la mañana siguiente, al preguntarle a la señora que atendía la casa qué era aquello, respondió que eran las cámaras de vigilancia, que por desgracia necesitaban tener allí, pues cuando no había nadie en la casa, alertaban de cualquier irregularidad y enviaban las imágenes a los propietarios; por supuesto, estando ellos las tenían desconectadas.

A Aura no le hacían ninguna gracia las cámaras; se imaginaba —le decía a Turek— que los propietarios las conectaban en mitad de la noche para vigilar si se les habían colado los gatos o si los huéspedes no se dejaban sin limpiar las hornacinas de madera del baño, y decía que era incapaz de acostarse con él con aquel ojo negro ahí mirándolos, que no se fiaba de la casa, que prefería pasar la noche en la playa, que allí se estaba mucho más a salvo, menos vigilado, nunca se sabe, igual resultaba que los propietarios eran unos auténticos pervertidos.

Aunque hacía un calor pegajoso, las ventanas nunca se abrían por los gatos, pero también por el sistema de aire acondicionado de bajo consumo que Turek conocía por sus propios proyectos y que se colapsaba si entraba el aire del exterior. Una noche, a pesar de todo, Aura se hartó de pasar calor y del fuerte traqueteo del aire acondicionado; intentó abrir la ventana del dormitorio, pero como no pudo, accionó y abrió la puerta corredera del gran ventanal del salón. Igual de automáticamente cruzaron su umbral dos sombras cuadrúpedas que se instalaron triunfantes en el sofá, donde pasaron la noche, mientras una tormenta de estruendosos relámpagos azotaba la ría durante horas.

A la mañana siguiente había bajado la temperatura, una fina llovizna flotaba sobre la ría y las rocas mojadas brillaban muy negras. Aura se encendió un cigarrillo. Luego espantaron a los gatos para que volvieran a salir, cogieron el coche y se fueron al puerto. Cuando regresaron se encontraron a la señora de la limpieza en la entrada. Se la veía pálida, frotando la madera de las escaleras de acceso con cierto apuro.

Sintiéndolo mucho, les explicó, tenía que cobrarles un plus, porque aquella noche se les habían metido los gatos en la casa.

Aura frunció el ceño y adelantó una de sus bronceadas piernas para preguntar:

—¿Y usted cómo lo sabe? ¿Se lo han dicho los mininos o qué?

La señora hizo como si no entendiera la pregunta, limpió el suelo, pasó un trapo especial por los sofás y se aprestó a desaparecer de nuevo en un Citroën próximo a la chatarra.

Aura miró las cámaras y se puso como un basilisco. Corrió al cuarto de baño y abrió el neceser de Turek en una fracción de segundo; poco después había dejado ciegas todas las cámaras a base de espuma de afeitar. Luego echó a la chimenea un pedazo de madera de deriva que había encontrado en la playa y un periódico viejo y les prendió fuego junto con la leña de adorno que ya había. Se produjo una humareda y una peste horrible. La leña que decoraba la chimenea resultó ser de plástico, aparte de estar unida a un cable enchufado a la corriente... había que reconocer que daba el pego. Aura apagó las brasas echándoles agua con una ensaladera y cerró la portezuela de cristal del *casette* de la chimenea; un reguerito de salsa aceitosa, amalgama de plástico y aderezo de ensalada empezó a calar a la habitación.

Luego tiró de Turek para lanzarlo sobre el sofá.

—Quítatelo todo —dijo, señalando el iWatch—. La ropa y esa cosa. Ese chisme, fuera. No me pienso acostar contigo como lleves encima alguna cosa de esas que te pillan datos.

Tras unos instantes de duda, Turek se quitó el reloj inteligente... a él no le hubiera molestado, más bien al contrario; a veces repasaba luego su registro de actividad cardiovascular y le producían cierto orgullo los picos indicadores de un aumento de la frecuencia cardíaca, aquellas curvas que recordaban a los registros sismográficos de la actividad volcánica. Como compartía los datos de su aplicación de salud con algunos amigos, entre ellos se mandaban las curvas de actividad como antes se mandaban postales, así que aquellas subidas de las pulsaciones registradas al llegar la noche, pero sin dar detalles sobre su causa, suscitaban luego —los lunes, en la oficina— el intercambio de miradas cómplices y las bromitas de dibujar en el aire la curva y sus empinamientos.

Preso entre los muslos de Aura en uno de los sofás de cuero blanco a los que estaba prohibido subir las maletas, Turek se esforzaba por no resbalar y caerse al suelo de cabeza; a la vez, todas las persianas se bajaron de golpe y como por arte de magia. Sonó un timbre de algo. Aura le puso una mano en la cabeza y la apretó contra los cojines.

El timbre dejó de sonar. Más tarde, cuando se levantaron y se metieron en la ducha, ya no había agua y la luz no se encendía.

Aura se volvió y descubrió, encima de la nevera, una cámara que no había visto hasta entonces.

—¡Nos están mirando, lo ven todo! —gritó, lanzando en dirección a la cámara un pomelo que no acertó por muy poco, pero detonó contra la madera de roble del mueble de la cocina para caer como fina lluvia ácida sobre la encimera de aluminio cepillado. Luego salió corriendo de la casa.

Turek contempló a Aura, allí de pie frente a la casa, apretando las piernas una contra otra, porque empezaba a tener frío, fumando. Volvía a llevar el pelo corto, se lo cortaba en mayo y se lo dejaba largo en otoño. En aquella postura recordaba a una niña que nadie viene a recoger a la puerta del colegio, porque la mamá se ha puesto en camino tarde y el papá de todas formas nunca vuelve del trabajo antes de la noche o igual ni vuelve, una niña a punto de perder su optimismo infantil, que empieza a sentir el frío del agua al otro lado de la franja de arena, una niña que fuma demasiado.

Se activó un aspersor con el típico ruido de traqueteo, como si hubiese un francotirador escondido entre los arbustos.

—No pienso volver a entrar ahí —dijo Aura a Turek—. Ahora, como ya no ven nada, nos van a echar encima sus aplicaciones para que la casa nos ataque. Ahora somos virus que se les han metido en el cuerpo y que tienen que expulsar con su tecnología de mierda...

—Vamos a ver... —dijo Turek, pero ahí no se le ocurrió nada más.

—¡Esto no es una casa, es un puto robot teledirigido que tiene miedo de que le manchen la puta encimera!

—Pero... —musitó Turek.

—Yo no paso ahí dentro ni un segundo más —dijo Aura—. Están locos. Son unos criminales. Vete a saber si les da por abrir el gas de su cocina de chef durante la noche, mientras estemos dormidos.

En efecto, la puerta no hizo nada cuando regresaron a la casa. No se abría. Turek intentó llamar al servicio de emergencias, pero en el número indicado no respondió nadie. Intentó localizar a la señora que se ocupaba de la casa. Mientras tanto, Aura se puso a hacer palanca en la puerta de la terraza con un palo que había encontrado en el jardín, acción tras la cual la casa protestó con el prolongado aullido de una sirena. Cogieron sus cosas y arrancaron el coche. Turek siguió a Aura en todo, pues no podía haber hecho otra cosa.

En su huida, dos días antes de la fecha establecida para la vuelta, aparcaron en una cala, estuvieron un cuarto de hora bañándose y luego se sentaron para secarse en una roca que olía a algas, tomando un sol que pronto cubrirían las nubes negras de un frente de tormenta.

Pasaron la noche en un hotel barato en la carretera del aeropuerto. La recepcionista les entregó una llave que pesaba un montón. En una gasolinera, se compraron un *pack* de cervezas, cacahuetes y dos sándwiches de atún con mayonesa de la marca Super U, envasados en cajitas de plástico transparente en forma de triángulo. Pasaron la velada tumbados en la cama del hotel viendo la televisión, que estaba colgada del techo de un brazo metálico negro, un canal español donde comentaban la pelotera entre los príncipes Guillermo y Harry. En retrospectiva, aquel fue el último momento bonito que Turek podía recordar: el sándwich de atún, su brazo alrededor de las caderas de Aura, las caras largas de Guillermo y Harry, la tela roja afelpada de la cortina del hotel, la pierna izquierda de Aura entre las suyas, la locutora española, el mando a distancia pringoso con un montón de botones de colores, su nariz entre el pelo de Aura, el discreto sonido de la vibración de incontables mensajes entrantes que no leyeron durante horas, la sal de los cacahuetes esparcida por la sábana blanca, la espuma de la cerveza en los labios de Aura.

Lo siguiente fue un día que aún no había amanecido cuando se pusieron en marcha a toda prisa para ir al aeropuerto, fueron los fogonazos de las luces del tráfico del carril contrario de la autovía, el agua negra de una playa del Atlántico por debajo del viaducto, muy abajo, el brillo del petróleo, fuerte lluvia repentina, luces traseras de los coches de delante desdibujadas, la espumilla de las ruedas de los coches a los que adelantaban, luego las olas enteras que levantaban las ruedas de los camiones adelantados y se estrellaban contra su parabrisas trasero y que las varillas enloquecidas apenas alcanzaban a limpiar, dolor en los ojos... Se veía fatal, Turek iba con ellos entornados para mirar al mismo tiempo a la carretera y al Head-Up Display, la conducción grabada por una cámara de infrarrojos y proyectada en tiempo real sobre el parabrisas; salvo cuando llovía mucho, veía más en aquella suerte de pantalla que a través del cristal: un primer indicio de que el parabrisas, que hasta el momento había sido como una ventana, en algún momento se convertiría en una pantalla en la que ver vídeos de la realidad exterior, un indicio de que los ojos cámara de los coches serían mucho mejores que los ojos humanos, inútiles en la oscuridad, y una muestra de que, en el fondo, la necesidad de mirar por la ventana es puramente psicológica y debida a que la gente no quiere conducir coches que no le permiten mirar hacia fuera, pero quizá también eso cambiaría alguna vez. Con tanta lluvia, eso sí, las cámaras eran igual de impotentes que los ojos.

Aura había abrochado el cinturón de su asiento para que el coche dejase de pitar, pero en realidad no se lo había puesto, sino que iba sentada encima sin sujeción, apoyando la cabeza en el hombro de Turek por encima de la palanca de cambios, y en aquella asombrosa y conmovedora postura retorcida hacia él se había quedado dormida, con lo cual, para no moverla, Turek tuvo que cambiar de marcha, de tercera a cuarta, con la mano izquierda.

Sonó un pitido de aviso y en la pantalla del ordenador de a bordo apareció una taza de café de la que salía un desagradable humito verde de aspecto venenoso. «*Attention Assist: Pause!*», ordenó el ordenador del coche.

Turek, que no estaba nada cansado, dio un toque a la pantalla para hacer desaparecer la taza y pisó el acelerador. El coche se había confundido, el algoritmo de turno había interpretado mal cierta información de una cámara que analizaba los movimientos de sus pupilas y del sensor programado para notificar movimientos del volante que pudieran indicar la falta de concentración. Igual sí que tenía un poco de sueño... Todo el mundo estaba un poco cansado siempre, solo que no siempre se reconocía. Turek determinó que sería él quien decidiera cuándo hacer una parada para descansar, y volvió a pisar el acelerador.

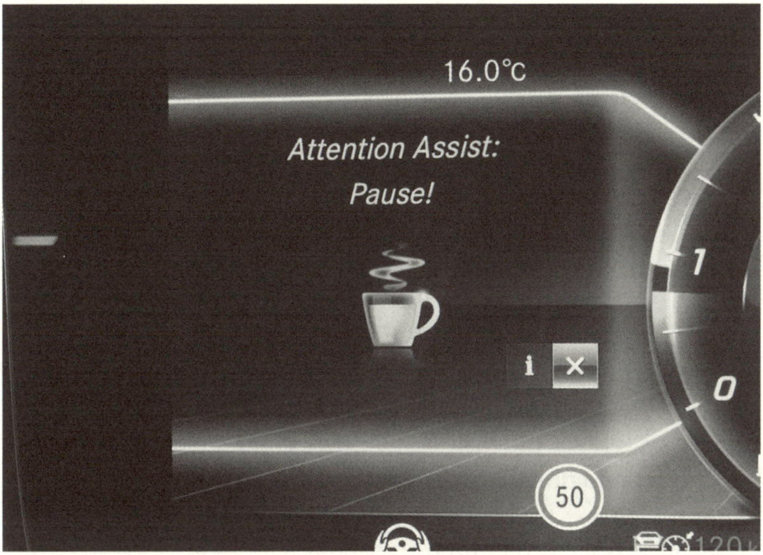

En el aeropuerto, en una vía de acceso de dos carriles, poco antes de llegar a una glorieta, apareció por la izquierda una furgoneta. Turek vio la cara ensimismada del conductor, iluminada desde abajo en un tono azulado, o sea, muestra evidente de que iba mirando el móvil... y ya se había salido de su carril para invadir el de ellos; se oyó un golpetazo y salieron despedidos por los aires el espejo del lado de Aura, así como un pedazo del guardabarros delantero. Automáticamente se les encendieron las luces de emergencia del vehículo de alquiler. Aura parpadeó unas cuantas veces y miró a Turek con gesto interrogante, debía de ir muy dormida... Turek paró en el arcén. La furgoneta le siguió y paró encima de un arriate de flores. Se abrió de golpe la puerta del conductor y salió un tipo paticorto y sin cuello que estiró las piernas, se recompuso y se acercó a ellos como remando con los brazos, gesto que había de interpretarse como una disculpa, observó el estropicio en ambos vehículos, meneó la cabeza y tocó unas cuantas teclas del teléfono prehistórico que llevaba y por el que luego soltó algo en polaco; se entendió sin necesidad de traducción que llegaba tarde a alguna parte.

En el avión, Aura se quedó dormida nada más subir y solo la despertaron los botes del avión al aterrizar en Schönefeld. Algunos pasajeros aplaudieron. Las campanitas de cientos de mensajes entrantes en los móviles recién encendidos colmaron el silencio de la máquina una vez en tierra, como un xilófono en manos de un hiperactivo desatado: *ping ding pong dong pim peng*... Al tirar de los *trolleys* para bajarlos de los maleteros, chocaron algunos, alguna chaqueta de las caras se había quedado pillada, alguna mirada de odio fulminó a algún viajero. Una vez fuera, Aura abrazó a Turek sin decirle nada y subió a un taxi; tenía que ir a recoger a su hijo.

***

El verano tocaba a su fin. Por las noches hacía más fresco, el viento soplaba con más fuerza, las primeras hojas empezaban a cambiar de color. Por las mañanas, la hierba estaba húmeda de rocío y olía a tierra negra y mojada, el cielo se veía recién lavado y menos exhausto por encima de la ciudad. Aura todavía lucía algunas manchas de crema solar en el cuello de la camiseta, encima de la cual se había puesto una chaqueta de suave ante marrón con cuello de piel que, según ella, no era auténtica, aunque igual lo decía por decir.

Por la tarde sacó un jersey de uno de los armarios que, durante el verano, habían cogido un poco de olor a moho, y la lana le causó picor en la piel quemada por el sol. En el camino que llevaba a su casa ya habían caído unas cuantas hojas. Cogió del suelo una castaña y se la dio a su hijo. Cuando Louis estaba con ella, dormía en su cama todas las noches.

A Turek lo veía cada vez menos. Una vez la había invitado a cenar, y la velada había empezado bien, pero luego ella se había puesto a despotricar de su ex, que sin duda se merecía oír unas cuantas cosas, pero como no estaba allí, fue Turek quien se llevó los gritos correspondientes, como si alguna mano invisible lo hubiese convertido a él en el susodicho, y entonces protestó, y Aura acabó marchándose antes de que sirvieran el plato principal porque quería estar sola en su casa con su rabieta. Turek se quedó en el restaurante, frente a su plato lleno; a los camareros la escena debió de parecerles una pelea conyugal de primera categoría.

Como los dos esperaban que fuera el otro quien llamara para disculparse, estuvieron mucho tiempo sin noticias respectivas. Al cabo de una semana, Turek le mandó un mensaje y Aura no le contestó, y cuando la llamó desde un número anónimo, ella le dijo que tenía mucho que hacer y que le tocaba el niño todo el tiempo; ya le daría un toque ella.

Pero no lo hizo. Turek le envió fotos de Galicia; le escribió que estaba a punto de poner una denuncia por robo, porque había perdido el corazón de una persona que significaba mucho para él e igual es que se lo habían robado, y como a eso tampoco obtuvo respuesta alguna, optó por salir de fiesta y emborracharse y pedirle a Alexa que le pusiera música y encargar cosas de las que suponía que lo pondrían de buen humor, y, una noche, justo cuando empezaba a estar mejor, un gong atronador como una tormenta capaz de arrancar barcos hundidos de las profundidades del océano para reflotarlos hasta la superficie se burló de él de la manera más cruel llenándole la pantalla de fotos de Aura: «Tienes un recuerdo», le comunicó el teléfono, como si detectase que Turek había contraído alguna infección peligrosa, y aunque él sabía perfectamente que lo último que necesitaba en su lamentable estado era ponerse a recordar, se quedó absorto mirando la presentación de diapositivas con música sentimental de fondo que el aparato había compuesto para él: Aura sonriendo sentada en una roca, Aura con su indómita melena revuelta por el viento, las bronceadas piernas de Aura con alpargatas blancas, su propio rostro, como una patata, sonriendo como un imbécil junto a la mirada seria de Aura, el blanco brillante de los dientes de Aura en la oscuridad, para ser exactos, en aquella imagen no se veían más que sus dientes, Aura con un pez espada subida a una barca de pesca...

Turek dormía mal. Se pasaba la mitad de la noche en la terraza. Cada mañana, al tiempo que escuchaba el ruido de los pájaros del árbol y el rumor en aumento de la autovía, le mandaba a Aura un *whatsapp* que suponía lo bastante gracioso como para no parecerle desesperado, y ella seguía sin contestar, aunque el doble clic azul indicaba que lo había leído.

***

Driessen lo mandó a diversas reuniones, en una de las cuales —según creía él— tendría que lidiar con un entorno escéptico, si no hostil. Mientras iba en el coche, Turek dictaba al móvil argumentos a favor y en contra, representativos de cada una de las partes.

Ciudad de siempre: caos, improvisación, energía por colisión. Nueva ciudad: control con objetivos específicos, digitalización e interconexión de todo, evitación de las colisiones, reducción del gasto de materias primas, planificación a nivel global. En la ciudad de siempre se puede hacer cualquier cosa, también las que son ilegales: aparcar donde está prohibido, evadir impuestos, secuestrar a la gente, bañarse en cueros... Si te pillan, te ponen una multa cuya cuantía se calcula en función de la gravedad de la transgresión, esas son las reglas. La nueva ciudad es una institución destinada a la mejora que hace imposible ser peor persona, puesto que la nueva ciudad también elimina la posibilidad en sí de transgredir las normas; esta es la promesa, la advertencia para todos. Dejará de existir la posibilidad en sí de transgredir las normas, la posibilidad de cometer excesos de cualquier tipo. Cuando los relojes inteligentes detecten emociones extremas, un número de pulsaciones muy alto, el Estado —o la empresa proveedora de servicios digitales de la nueva ciudad— estará autorizado a realizar pruebas puntuales de vigilancia con el fin de analizar si se trata de un peligro que afecta al colectivo.

Sería imposible conducir con exceso de velocidad (los coches frenan automáticamente si se supera el límite establecido).

Sería imposible matarse de un coma etílico (la IA ya notifica la compra de alcohol en gran cantidad, haciendo una excepción en los cumpleaños, fechas que, naturalmente, tiene registradas). ¿Pero se podría, a pesar de todo, matar a alguien con una espada en plena calle, como había sucedido hacía poco en Stuttgart? Respuesta: de haber tenido más cámaras instaladas, es probable que se hubiera captado antes la imagen del agresor con la espada, se habría avisado a la policía y se habrían enviado drones a neutralizarlo. ¿Pero qué pasaría si, en algún momento, hubiera un gobierno de extrema derecha al que se le ocurriera que los drones de la policía y los sensores y todas esas cámaras también se pudieran utilizar, por ejemplo, en contra de un grupo de estudiantes liberales, serenos y educados, que no pretenden sino defender su derecho a la libertad de expresión? En fin... La Constitución de los Estados Unidos contempla, para este tipo de casos, la posibilidad del levantamiento armado de los ciudadanos contra el Estado. Así pues, también es un derecho del ciudadano librarse de los sensores y de las cámaras y de los drones de la policía hackeándolos o liándose a tiros con ellos.

***

Durante el trayecto, también se puso a dictarle al móvil una carta para Aura, pero —¿sería que le temblaba la mano?— se le cayó el aparato a la consola central del coche. ¡Mierda! En el siguiente semáforo vio que, al golpearse contra la palanca de cambios, el teléfono había enviado el mensaje de voz por sí mismo. Mensaje: «Echo de menos tus brazos rodando mis hombres y tendría mosca hablar y ver cacemos con lo nuestro mierda».

***

Esa tarde, al volver a la iluminada frialdad de su piso, que tuvo la cortesía de encender varias lámparas de pie a su paso, Turek encontró en el correo una invitación a un encuentro de antiguos alumnos de su clase del colegio, así como una notificación de la aseguradora del coche alquilado de Galicia; respetando la normativa general de protección de datos personales, se habían analizado los datos registrados por el coche objeto del siniestro con el resultado siguiente: aceleración brusca, varias maniobras abruptas de cambio de carril, cinturón de seguridad desabrochado en el kilómetro 375 a pesar de ir circulando con exceso de velocidad (a 155 kilómetros por hora en calzada de velocidad máxima 120). Además, se había ignorado un aviso de detección de cansancio; en suma, se habían detectado una serie de infracciones de las normas establecidas en el contrato de alquiler del vehículo ante las cuales la aseguradora no se consideraba en la obligación de correr con los gastos de la reparación, como tampoco con el impuesto de tramitación, así que le tocaba a él abonarlo todo.

***

Turek acudió a la cena de antiguos alumnos. Se celebraba en un restaurante desangelado del centro histórico donde iban mucho en sus tiempos del colegio. Alguien había imprimido una foto de la fiesta de graduación para exponerla en una pizarra. Mostraba principalmente a personitas delgadas, contentas, con mucho pelo y cara de emoción, prontas para salir al mundo con sus grandes expectativas y mucha fe en que se harían realidad. Los que se encontraron al pie de la foto más bien parecían un *tableau vivant* titulado «supervivientes de la desertización»: algunos estaban hinchados, a otros no les quedaba pelo y ofrecían el mismo aspecto que un campo en el que un tornado ha barrido con cuanto crecía o se mantenía en pie; en otros casos, en cambio, habían proliferado las barrigas y las barbas como para hacer concursos, y las melenas antaño rubias y cual larga seda al viento eran ahora peinados cortos que estratégicamente combatían el tono parduzco y las canas a base de mucho decolorante y mucho tinte, pero con raíces grises y delatoras a pesar de todo. Anda, si estaba el padre de... no, no era el padre, era él, solo que ahora tenía la misma edad y el mismo aspecto que su padre cuando terminó el bachillerato. El ritual de los saludos transcurrió como un despiadado baile de máscaras cuyos asistentes intentaban adivinar quién se escondía bajo tan elaborados disfraces: acercamiento entre dos, cabeza ligeramente ladeada... ¿Eres Bernd? ¡Ay, por favor! ¿Y tú eres Ulla? ¡Buenooo! Es que con el pelo corto... oye, pues te queda fenomenal, *fijaté*.

Intercambio de miradas con los ojos entornados: imaginando al otro sin gafas y sin papada, pero con pelo en la cabeza, podría ser Lars. ¿Lars? Pues sí, era Lars. Por aquí, uno que obviamente bebía demasiado; por allá, una que ya iba por el segundo divorcio y se fumaba un pitillo con el grupo de divorciadas. Todos se alegran de verse, pero como se alegra uno después de un terremoto cuando encuentra a todo el mundo más o menos entero entre los escombros. La clase de la escuela siempre es una comunidad de personas que no se han elegido mutuamente y solo están unidas por la azarosa circunstancia de que tienen que pasar juntas los ocho años de la secundaria. Torben Gleiter había estudiado Empresariales, pero no se había alejado mucho del colegio: al terminar la carrera le habían ofrecido un puesto en el banco del barrio, y ahora era el director de la sucursal. Desde detrás de las persianas de su despacho podía ver las ventanas del aula de Química, las mismas desde las cuales, en tiempos, contemplaba la caja de ahorros. Todos los domingos llevaba a sus niños a jugar al fútbol en el patio del colegio. Había empezado a especular en bolsa muy pronto, pero con la crisis financiera se había quedado sin nada por haber invertido en derivados, producto que también había recomendado con entusiasmo a sus clientes. Christian Malewitz, por el contrario, fumador empedernido con piel como de queso y rastas teñidas de rojo, al terminar la escuela se había ido de percusionista a una comuna en Polonia, donde le habían perdido la pista durante un tiempo; tras fracasar como candidato a diputado de un partido de izquierdas, se había puesto a trabajar en una tienda especializada en bicicletas reclinadas que luego había tenido que cerrar por descenso de la demanda, y luego había aprovechado una de aquellas bicis que no había manera de vender para hacerse repartidor de Deliveroo. Ahora, sin embargo, ya no necesitaba trabajar: el dinero que había ganado —y que, a diferencia de Torben, parecía no importarle mucho— lo invirtió en *bitcoins* casi cuando se inventaron, pues había oído que era una forma de asestarle un buen golpe al sistema económico capitalista y poner en peligro la supremacía de los grandes bancos. Pero el éxito de la moneda digital le dio mal rollo, así que vendió sus *bitcoins* en uno de los mejores momentos que alcanzaron, con lo cual ganó tanto que se compró un velero con dos camarotes, aun sin saber navegar, y tenía alquilado un amarradero en el viejo puerto industrial. Vivía en el barco y, a su vez, alquilaba uno de los camarotes a una pareja de gays anarquistas, y si se quedaba corto de fondos, alquilaba el barco entero para hacer excursiones de un día y él pernoctaba en casa de algún amigo o en el bosque.

Torben hablaba de los *bitcoins* con encono, la economía *bitcoin* consumía más de mil veces la energía que requería el sector bancario de toda la vida, una transacción implicaba mil veces lo que una operación con Visa y...

El verano había vuelto. Era uno de los últimos días de calor del año, ni siquiera cuando se hizo de noche parecía que fuese a bajar la temperatura. En la mesa vecina, todo sudoroso y sentado frente a un ventilador que él mismo había desmontado de la barra del restaurante para llevárselo, estaba Antonio, uno de los pocos compañeros a los que no había costado reconocer, porque estaba igual que su padre, dueño de varios restaurantes; también Antonio tenía ahora el típico aspecto de cantante latino que va envejeciendo lentamente a la par que su público. Había venido en un Ferrari, se estaba tomando un hermoso filete y, como ya hiciera en tiempos, cuando en clase se daba el tema de la muerte de los bosques, discutía con una de las dos ecologistas militantes —que ahora trabajaba en la Fundación Heinrich Böll con el partido de Los Verdes— sobre los posibles efectos positivos de rebajar el límite de velocidad en carretera y reducir el consumo de carne, y sobre la manera de hacerlo, de ser siquiera el caso, pues a raíz de la desindustrialización de Alemania tampoco se iba a tardar mucho en ahorrar bastante CO_2 de todas las maneras, porque la población sería mucho más pobre y ya no podría permitirse ni los coches ni los viajes en avión, y estaba claro que para el medioambiente no había nada mejor que la pobreza generalizada...

En el fragor de la discusión apareció Mario Pantani. Le habían salido algunas arrugas que le favorecían. Contra la tendencia general a la degeneración del físico, Mario había evolucionado hacia un espécimen de guaperas canosito y de piel curtida que invitaba a pensar que vivía en alguna playa de la costa este de los Estados Unidos y hasta guardaba algún remoto parentesco con los Kennedy. Desarrollaba granjas de servidores para una empresa con sede en Nevada y, en el transcurso de aquella misma cena, le propuso a Turek que trabajara para él.

Más adelante, cuando ya se disponía a marchar, Turek se encontró con Mina... o más bien chocó con ella por casualidad. Ella venía de aparcar su descapotable blanco en la puerta del restaurante y estaba embarazada. Turek la invitó a un helado en el bar.

—¿De qué lo quieres?

—De coco —dijo Mina, retocándose el pintalabios.

Llevaba una cazadora de cuero de los setenta que le quedaba grande, heredada de su padrastro, que era americano. Un camarero que había abierto las ventanas para que entrase un poco de aire en aquel horno de salón se secó el sudor de la frente con una servilleta y se acercó a su mesa a paso de tortuga. Turek miró a Mina. No había cambiado, hasta el hoyuelo que se formaba junto a la comisura de los labios cuando reía seguía allí, solo que ahora en reposo.

—Dos bolas, supongo. Hace mucho calor y es evidente que ahora sois dos...

Mina le sonrió igual que le sonreía en otro tiempo, y con un gran salto temporal surgió la Mina de antaño para atravesar a Turek como un rayo.

—Vale. Con mucho gusto, Turek.

—¿Dos de coco?

—No, hombre. Yo nunca tomaría dos veces lo mismo.

—Pues cuando una cosa está bien —dijo Turek—, me parece una pena no repetir.

Y él, como para demostrarlo, pidió dos bolas de limón. Ella eligió coco y frambuesa. El calor de aquella noche, el aire como impregnado de vapor, las piernas de Mina sobre el terciopelo rojo del sofá, su bonita mano —sujetaba la cucharilla del helado como un instrumento de cirugía que iba introduciendo en el helado con sumo cuidado, con dos dedos—, la luz tenue del restaurante... Un camarero al que Turek conocía de antes pasó por su lado y le dio una fuerte palmada en la espalda.

—Enhorabuena —dijo.

Mina miró a Turek de una manera de la que él no supo decir si rebosaba cariño o sorna, probablemente ambas cosas, y Turek le preguntó si ahora que, después de tantos años y dado que estaba clarísima la situación de cada uno, no podían volver a verse. Mina le posó la mano en el brazo.

—Sabes que no puede ser. Por desgracia, solo podemos vernos si nos encontramos por casualidad...

Y, entonces, le dio un beso fugaz y desapareció en el calor de la noche.

***

Se inauguró la primera fase de la nueva ciudad. Sus primeros habitantes fueron transportados a sus casas en coches sin conductor. El alcalde habló de nuevas libertades y de las oportunidades que ofrecían el cambio digital y la tecnología al servicio de las personas. Driessen habló de un colegio en el que las matemáticas serían impartidas por robots... Sí, sí, habría profesores tutores, para empezar, por la necesidad de crear vínculos afectivos de los alumnos, pero había que reconocer que los bots tenían más paciencia, y además también se podrían comunicar con los niños a través del móvil cuando no hubieran entendido algo, les podrían mandar alguna tarea de cuando en cuando... y así todos sacarían un sobresaliente en mates... Imagínense —repitió—, esto es posible hoy en día: ¡Todos con sobresaliente!

En la oficina hubo sus más y sus menos. Driessen quería un puerto de aterrizaje para taxi-drones: podría ir acompañado de una gran puesta en escena, como una *montgolfière* moderna, otro hito de una nueva era, dijo en una de las reuniones semanales en la sala de los cojines de la torre inteligente. Illenberg estaba en contra, porque los drones estaban bien para llevar medicamentos al Sáhara o a la selva, pero como tales eran un despropósito; un taxi-dron vendría a ser un helicóptero en miniatura solo para ricos que quisieran llegar rápido al aeropuerto ahorrándose el atasco, salvo que, por el contrario, se construyeran en masa y a precios realmente económicos, pero entonces —argumentó— no tardarían en surgir otros problemas: ¿Se había hecho algún cálculo de la cantidad de gente que podría morir por caérsele encima un dron de reparto o un taxi volador averiado? ¿Tendrían que poner mallas protectoras en los jardines y las calles? ¿Cómo se supone que despegarían y aterrizarían los drones entonces, o es que solo lo harían en los tejados? Por si hubiera pocos accidentes de carretera, solo faltaba crear más inseguridad en el espacio en vertical para que al final lo mejor fuese vivir en un sistema de búnkers.

Borngeber, que venía de Italdesign, donde era el jefe del proyecto de los taxi-drones, explicó que todas esas preguntas quizá representaran los temores de la gran masa ciudadana, pero que, obviamente, lo que demostraban era un desconocimiento de la tecnología manifiesto, ofensivo y hasta rayando en lo peligroso. A él, Borngeber, aquello le recordaba a cuando se les tenía miedo a los ascensores o a la resistencia contra la implantación del ferrocarril, cuya velocidad máxima de unos 30 kilómetros por hora fue considerada por los médicos de antaño como un riesgo para el cuerpo humano. Sin duda, pronto se generalizarían los taxi-drones sin conductor igual que hoy se usaba el ascensor, sobre todo entre la gente joven para quien el coche ya no era un símbolo de estatus...

Illenberg se repantingó en el asiento y se echó a reír, refutando lo que había dicho Borngeber con el detalle de que el número uno en las listas de éxitos en Alemania era un tema de los raperos Mero y Eno titulado Ferrari, con estribillo en turco. A las veintidós horas de subir el vídeo a internet, ya lo habían visto 2,8 millones de personas. ¿A qué jóvenes se refería él?

¿Era gente mayor la que escuchaba Ferrari y coreaba aquel estribillo en turco? ¿Cuándo habría canciones inspiradas por algún coche sin conductor? A ver si él, Borngeber, era capaz de presentarle a alguien dispuesto a subir voluntariamente a uno de esos helicópteros sin piloto, después de saberse que uno de los coches sin conductor, por su propia cuenta, había atropellado a una peatona.

Borngeber negó con la cabeza con exagerada teatralidad, diciendo que justo a esos argumentos se había referido antes. A esa forma de exteriorizar miedos irracionales. De esgrimir datos estadísticos traídos por los pelos... Bueno, sí, era cierto que un coche sin conductor había atropellado a una señora, pero es que también la señora había cometido el error de lanzarse a la calle desde la oscuridad, y el algoritmo *no había podido contar con ello*... Claro, puede que un conductor humano hubiera frenado intuitivamente en aquella curva impredecible y sin iluminación, a diferencia del ordenador, que no estaba programado para ello... ahora bien, *en términos generales* y sobre esto no había vuelta de hoja, los coches sin conductor provocarían muchos menos accidentes que las personas.

Tomaron la palabra dos ingenieros, dos tipos larguiruchos y tristones, con los vaqueros subidos casi hasta el sobaco. Los coches sin conductor —informaron—, funcionaban bien en el recinto piloto, pero en cuanto los ponían a circular por el espacio público, se paraban intimidados, acosados por los coches tradicionales. El colaborador de la sección Mobility Solutions, Thessen von Livorius, expuso que los coches sin conductor destinados a conectar la *smart city* con el aeropuerto funcionaban sin fallos, pero que se habían quedado inmovilizados por el camino a causa de las infracciones de tráfico cometidas por el resto de los vehículos; así, por ejemplo, a un coche sin conductor le había sido imposible pasarse al carril izquierdo en un tramo de obras a la velocidad indicada de 60 kilómetros por hora, porque todos los demás circulaban por él a 80 o incluso a 100. No había encontrado ningún hueco para incorporarse. Otro coche de prueba se había parado detrás de un descapotable aparcado ilegalmente en el carril bus, porque se negaba a cruzar la línea continua para adelantarlo y allí se había quedado hasta que localizaron al conductor del descapotable en un café de los alrededores. Los coches sin conductor mostraban, a todos los efectos, el comportamiento propio de animales intimidados en extremo. El problema —así concluyó su informe Livorius— no era el vehículo sin conductor que respetaba todas las normas, sino todos los demás conductores, que solo las cumplían muy aproximadamente.

Driessen preguntó si no se podían programar los coches sin conductor de modo que pudieran adaptarse al tráfico habitual.

Técnicamente se podía —dijo Livorius—, pero legalmente no. Si la norma es que la velocidad máxima son 60 kilómetros por hora, no se puede ir a 68. Si alguien circula más deprisa de todas formas y provoca un accidente, el contrario argumentará que la culpa, o al menos gran parte de ella, es del vehículo que lleva exceso de velocidad.

—Y, entonces, ¿qué hacemos? —preguntó Driessen, pescando una pastita de hojaldre reseco de un plato de porcelana.

—Me temo que los otros vehículos se tendrán que ir —respondió Livorius.

—¿Qué? —exclamó Illenberg, irguiéndose en el cojín.

—Que se vayan los otros. La mayoría de la gente tampoco quiere estar en el papel del conductor, sino que la lleven en coche. Lo de *ser quien va al volante*, en el fondo, no es más que una cuestión psicológica. El conductor nunca ha sido quien manda en el coche. ¿Quiénes viajan en el asiento de atrás? Atrás van los jefes y los niños y la abuela; la clave es darle a la gente la sensación de que son los jefes y de que, si van en el asiento de atrás, es por eso mismo.

Illenberg vio que todo lo que apreciaba de las ciudades (no cruzar la calle en el semáforo, sino por cualquier sitio; parar el coche un momento frente a un café aunque estuviera prohibido; sacar tres mesas y ocho sillas en un momento para sentarse en la calle aprovechando el sol; ir a 120 kilómetros por hora por la autovía en lugar de a 80 cuando por las noches no circula nadie; tomar más café del que es bueno para la salud; dormir con la ventana abierta en invierno, aunque se pierda el calor de la calefacción...) estaba a punto de ser sacrificado en aras del fundamentalismo de las normas por el simple hecho de que unos cuantos imbéciles no sabían diseñar sus coches sin conductor con la capacidad de integrarse en el tráfico normal. Illenberg tenía la cabeza completamente roja, Borngeber había perdido el color, parecía que toda la sangre de la cabeza de Borngeber se hubiera transferido a la de Illenberg por algún conducto subterráneo e invisible de la sala de reuniones. Surgieron términos como «esclavización del ciudadano independiente», «infierno de la burocracia cibernética», «dictadura de los reglamentos», «totalitarismo tecnológico».

Borngeber sonrió con la boca ladeada. Sí, en efecto, aquella era una idea de libertad romántica, como del *Far West*, pero un poquito pasada de moda. Mucho más agradable era que te acercase hasta la puerta del café un robotaxi que no hace nada de ruido, y nadie había dicho que no se pudiera abrir alguna ventana; el sistema tendría programada una reacción inteligente y desconectaría el sistema de calefacción para que no se perdiera el calor; después de todo, el propio programa

«Siempre se puede ser más verde todavía» había demostrado que incluso se daba la posibilidad de conseguir puntos de bonificación en invierno bajando la calefacción y durmiendo a una temperatura más baja.

Se formó un pequeño alboroto, Driessen mandó hacer un descanso de diez minutitos. Los edificios acristalados de energía cero vegetaban con cero energía en el calor de la tarde. Al fondo, bajo una amarillenta campana de contaminación: la ciudad de siempre, caótica, con chimeneas y ventanas y luces de colorines de las teles y estufas de pellets y conductores que se saltaban los límites de velocidad y fumadores y gente que comía carne. Y que desperdiciaba energía. Y que armaba bulla. Y que se saltaba normas. Y que se pasaba las reglas por donde le venía en gana. A todo eso le quedaba poco tiempo.

***

Al lunes siguiente, el alcalde y su concejal de Tráfico, un fanático de la bici que hasta en la oficina se dejaba puestos los clips para sujetarse los bajos de los pantalones como quien llevara una orden militar, decidieron aprobar la ampliación de la *smart city* mediante un nuevo pasillo que llevase al resto de la ciudad. Dos semanas después se comunicó públicamente que la empresa de Driessen, tras una «fase de prueba culminada con éxito» y «habiendo demostrado el potencial de una bajada general de los precios del alquiler gracias a la implantación de medidas de ahorro energético» se encargaría de llevar a cabo la ampliación del concepto de ciudad inteligente a todo el distrito. Traducido: la ciudad de toda la vida tenía las horas contadas.

Lo que pasaba era que la ciudad nueva no estaba tan terminada como sostenían. El coche sin conductor no circulaba con fluidez, más bien se quedaba como clavado en el suelo de golpe porque confundía un cartel amarillo con un autobús escolar, otro casi atropella a un perro salchicha que salió corriendo detrás de una mariposa, un tercero aceleró en un carril de incorporación, pero frenó en seco porque alguien colocó un patrón abstracto frente a sus sensores. Se descubrió que los algoritmos no se aclaraban con el arte abstracto. Por ejemplo, identificaban una combinación de azul, rojo y verde que de lejos podía recordar a una caja de Lego volcada como una tostadora o una mezcla de colores pixelada como un grupo de personas. Aunque no se le colocaran a propósito frente a sus ojos cámara este tipo de cosas que enseguida mostraban lo fácil que era volver locos a los algoritmos, el coche sin conductor iba dando brincos como un conejo borracho y, en conjunto, más bien se comportaba como un coche normal que sencillamente necesitaba una persona que lo manejara.

Para que los coches autónomos dispusieran de un tramo de prueba, se cerró una calzada por la que hasta entonces circulaban los coches de siempre, y hubo una protesta muy sonada, manifestaciones, contramanifestaciones de asociaciones de defensores de la bici, enfrentamientos... Ahora bien, los frentes no estaban definidos en absoluto con claridad, había gente de izquierdas a favor, gente de izquierdas y de derechas en contra, y gente de derechas a favor. Unos cuantos coches sin conductor se incendiaron solos, a otros les prendieron fuego. No quedaron de ellos más que restos carbonizados; se veían como pollos asados olvidados en el horno a 200 grados durante un día entero, ardieron hasta el chasis, que fue lo único que quedó, con algunos jirones de plástico fundido, con sus caritas de koala derretidas en una mueca horrenda que recordaba a la máscara del asesino de Scream.

Driessen recibió un premio al *manager* del año de la Asociación Alemana de la Bicicleta y algo más de cuatrocientas cartas de amenaza redactadas en los términos más contundentes.

Ahora, las decisiones eran todas disyuntivas. O bien se iba tomando la ciudad de siempre poco a poco, entre la recogida de basura y el reparto de productos robotizados y los nuevos medios de transporte, o bien sería la vieja ciudad la que invadiera la nueva con su caos; para empezar, ya estaban sembrando el desorden entre los coches sin conductor los *skaters* que venían de las torres de viviendas cercanas a pasar el rato en el tramo terminado de la ciudad nueva, y las protestas habían puesto de manifiesto lo frágil que era el barrio. Los responsables del proyecto determinaron construir una especie de foso de contención que, obviamente, no recibió ese nombre. En su lugar se puso el énfasis en que «a todo el mundo le gustaría vivir en Ámsterdam». ¡Por los canales, claro! El acceso a la *smart city* solo sería posible por una serie de puentes en los que no sería nada difícil colocar cámaras con reconocimiento facial camufladas como farolas, y así se podría filtrar a los sujetos fichados por la policía o que llamaran la atención y dar aviso automático a los servicios de seguridad. Para Driessen, la identificación biométrica era la clave de todo: se pagaría mediante el reconocimiento facial, se podría prescindir para siempre de los documentos identificativos y las tarjetas de crédito («¡Como si compraras por tu cara bonita!»). La tecnología con que ya se contaba era prodigiosa. Deep Face estaba dando unos resultados excelentes. Más o menos resuelta la cuestión del reconocimiento facial, el siguiente paso sería el reconocimiento de las emociones, un campo en el que Driessen había invertido mucho. La empresa Affectiva había recaudado 34 millones de dólares de Venture Capital para recoger datos a partir de los cuales crear un sistema que permitiese identificar el estado de ánimo de una persona. A través de cámaras web, se grababan sonrisas, carcajadas, ojos muy abiertos, miedo, entusiasmo, y luego se intentaba emparejarlas con posibles motivaciones. ¿Quién se ríe en el cine y por qué? ¿Dónde surge el deseo, o el asco? Affectiva ya asesoraba a políticos y grandes grupos empresariales como Coca-Cola para mejorar sus estrategias de manipulación de los votantes y consumidores. Las *webcams* incluso medían las pulsaciones de la persona sin necesidad de que esta llevara puesto ningún dispositivo, les bastaba con detectar los mínimos cambios en el color de la piel que acompañan el latido del corazón.

Driessen inició una campaña para salvar su ciudad. Encargó a un pintor una valla publicitaria en la que se veía a familias felices en los canales de Ámsterdam con sus barcas de remo apoyadas en la pared trasera de sus casas multiuso hechas de madera. Driessen insistió en que el estilo fuera casi nostálgico y no suscitase asociación alguna con lo tecnológico, que se notara la pincelada en aquellas bicicletas, flores, banquitos, un tobogán, nubecitas sueltas, con delicados toques de brocha.

Turek fue a ver al diseñador gráfico que se ocupaba de la renderización de la *smart city*, un tipo siniestro con cara de fumado, bigotillo crespo y el pelo engominado hacia atrás; esparcidos sin recato por el suelo de su estudio tenía un DVD de *El coleccionista de huesos*, unas cuantas revistas porno, aparte de botellas vacías y una edición pringosa, leída mil veces, de *Aurelia o el sueño y la vida* de Nerval.

***

Berenkov llevaba a su hijo de seis años a comprarle un coche de policía, una especie de kart con carrocería de coche de policía de verdad y motor eléctrico. 500 euros, costaba. Por fin había conseguido ahorrar el dinero, había estado haciendo turnos de noche y todo. A los pocos minutos de salir con la camioneta rumbo al centro comercial, el niño se le quedó dormido. Berenkov contempló el pelo de su hijo, la respiración acompasada... adoraba a aquel niño de una manera que a él mismo le daba miedo. Desde que había nacido, Berenkov estaba preocupado por él a todas horas. Una vez se había rasguñado la piel del brazo izquierdo con un alambre de espino en el bosque, porque su madre no estaba mirando (y no estaba mirando porque estaba enfrascada en alguno de sus juegos del móvil en lugar de jugar con el niño), y él, Berenkov, tampoco podía jugar con él, porque necesitaba ganar dinero, y aquel día en que vio al niño sangrando y llorando fue la primera vez que estuvo a punto de pegarle a su mujer, y eso que también a ella la quería mucho, aunque de una forma más desesperada y más dolorosa que al hijo. Ahora iba al volante de su camioneta, con el niño durmiendo en el asiento de al lado, y el sol caía inclinado sobre el paisaje, y él llevaba en el bolsillo el dinero en efectivo para comprar el coche de policía.

En el centro comercial, sin embargo, ya no tenían el modelo que buscaban. Berenkov se puso a llamar a otros centros comerciales y siguió conduciendo hasta Leipzig, donde compró el kart, lo cargó y lo sujetó en la parte de atrás, y, como era un día festivo, compró también un ramo de flores para su mujer. Durante el viaje de vuelta, el niño fue asomado a la ventanilla de la cabina para ver su coche de policía en la trasera, y Berenkov intentó hablar con su mujer, pero ella no le cogía el móvil y tampoco estaba en casa, y luego cuando llegó estaba como ausente y se limitó a mirar un momento el coche del niño y a las flores no les hizo ni caso.

Unos días más tarde, Berenkov se enteró de que se veía con Driessen. Fue muy fácil descubrirlo. Cuando Alina salió de casa, él puso en marcha su dron y la siguió por el aire, volando muy alto por encima del bosque para que no se oyera el zumbido de los rotores. Siguió, pues, a su mujer, pero sin ir tras ella. En la pantalla del dron la vio subir en el coche de Driessen. La siguiente vez sí los siguió él con la camioneta. No

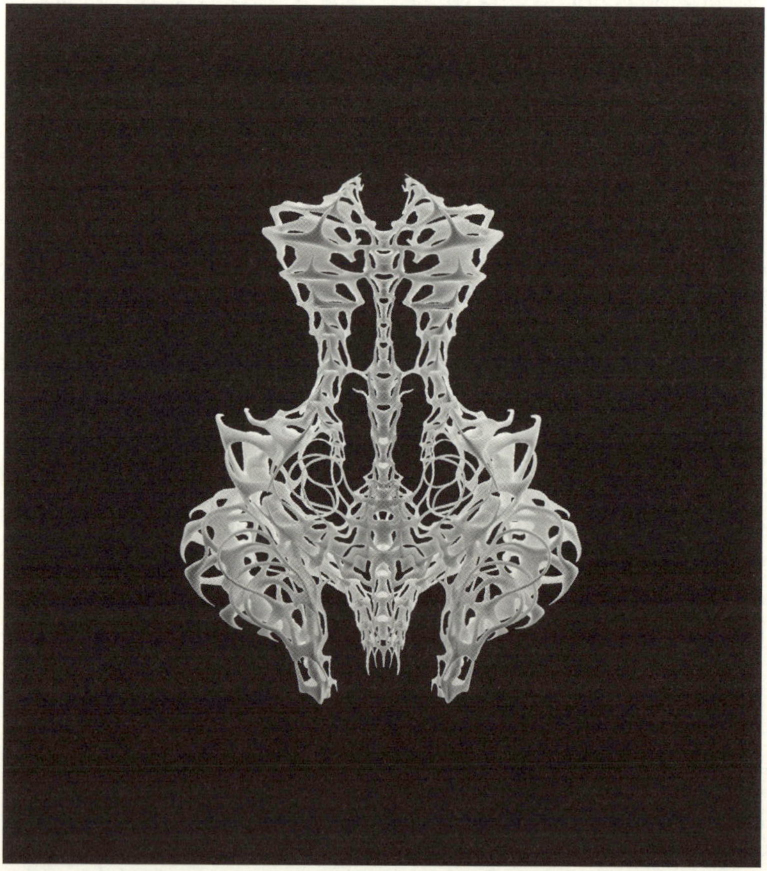

dijo nada. Se volvió a casa y construyó una carretera de arena y un pequeño trampolín para el cochecito de policía de su hijo, y luego lo llevó a la cama y se quedó dormido a su lado.

***

Turek fue con Illenberg (que no sabía qué pintaba allí, pero fue igualmente por acompañarlo) a un desfile de modas de Iris van Herpen. El lugar estaba muy oscuro, desde una lejanía deslocalizada llegaba una especie de bajo continuo electrónico al que se le superponían como efluvios y perladas secuencias de sintetizador, y luego apareció sobre la pasarela un ser que parecía una ostra gigante rodeada de nubes unicelulares inteligentes; otro vestido recordaba a la obra de una araña obsesionada por el *op art*; el siguiente era como una medusa extraterrestre hecha de hilos de plata y de una gelatina marciana desconocida hasta el momento... Los vestidos flotaban alrededor de los cuerpos, luego daba la sensación de que cambiaban de consistencia y se volvían más rígidos y después acababan siendo tormentas de polvo o vapor de hielo seco o caparazones como de moluscos de los que la piel desnuda se liberaba. Turek, emocionado, le daba con la palma de la mano en la pierna a Illenberg, y exclamaba «¡joder, tío!» sin acordarse siquiera de respirar; lo que estaba presenciando allí se parecía pasmosamente a lo que él esperaba que sería el futuro. Un brillo más intenso y cuerpos nuevos y todo cosas así de flipantes y que sonaran a murmullo y a frufrú, y no más de lo mismo que ya existía, solo que en versión un poco mejorada y más ecológica o más eficiente o más sostenible; él esperaba cosas radicalmente nuevas. Nada más terminar el desfile, fue en busca de la diseñadora para convencerla de que le enviase un boceto para una especie de vestido que permitiera vivir en su interior, casi como si fuera una tienda de campaña. Illenberg le dijo que estaba loco, que Iris von Herpen en la vida... Y, sin embargo, a los pocos días, Turek recibió un correo de ella.

Turek le mostró los diseños a la arquitecta de la empresa y ella dibujó un proyecto para la enorme sala de turbinas de la *smart city*, que estaba vacía y no se utilizaba para nada: un paisaje con palmeras y como islotes de selva donde flotaban o estaban colgadas de los árboles o en el suelo detrás de los arbustos las celulitas van Herpen, hábitats portátiles que daban cobijo al cuerpo que dormía en su interior y aprovechaban su propio calor para producir energía. Turek estuvo dándole la lata a Driessen con que aquello sí que era la vivienda experimental que debían construir, una gran nave llena de hábitats unicelulares inteligentes, que aquello sí que era el futuro —le explicaba Turek—, la desaparición de las casas tal como se conocían hasta el momento para sustituirlas por un paisaje protegido de las inclemencias meteorológicas y compuesto por un sinnúmero de individuos en un mismo recinto... aquello sí que sería un experimento del que hablaría todo el mundo. A Driessen, por cierto, le pareció una chaladura mayúscula.

***

El lunes, cuando Turek se reunió con Illenberg en un café, lo encontró pálido y más bajito que de costumbre, con el pelo —habitualmente revuelto en todas direcciones— todo mustio y pegado a la cabeza. Llevaba una camisa de brillo amarillento y un traje negro como si fuera disfrazado de abeja. Con un sonoro golpe, plantó un periódico encima de la mesa.

—*Online* todavía no sale, he tenido que comprarlo en un quiosco —dijo—. Lee.

El artículo hablaba de que a los primeros habitantes de la nueva ciudad inteligente les habían leído toda la correspondencia privada, y además no habían sido los algoritmos, sino empleados de AddOn Networks, la empresa que ofrecía sus servicios gratuitamente a los usuarios de la *smart city*. Uno de los programas escaneaba todas las compras *online*, luego buscaba ofertas de los mismos productos a mejor precio y escribía automáticamente a los vendedores para reclamarles la diferencia. Quién iba a tener nada en contra de eso, pero claro, para mejorar los algoritmos y desarrollar mejores *add-ons*, los empleados de Retrace Path habían tenido que leer los pedidos y los correos de los usuarios.

Y luego, uno de esos empleados —al que habían despedido— se había puesto a sobornar a autores y destinatarios de ciertos mensajes, exigiendo transferencias en *bitcoins* a cambio de su silencio sobre ciertas informaciones privadas.

En realidad, los mensajes privados de los clientes debería haberlos filtrado un algoritmo, pues la idea de aquella aplicación era proteger a los clientes de vendedores que inflaran los precios, aunque también (ya puestos...) analizar qué mensajes de *e-marketing* se leían cuántas veces; ahora bien, antes de almacenar todos aquellos mensajes en un sistema de análisis al que también tendrían acceso ojos humanos, se suponía que se descartaban todos aquellos que incluían palabras como «amor», «abuela» o «te echo de menos», tarea que correspondía a un escáner de texto... pero al escáner se le habían colado varios millones de mensajes.

—Va a ser más difícil tener secretos —dijo Turek seco—. Erich Schmidt dijo que, si uno no quería que se supiera algo, lo mejor era no hacerlo. Eso resume la situación entera, ¿no?

—No estar solo nunca más. El futuro es de los exhibicionistas —dijo Illenberg con una palmada—. No hacer nada de lo que te pudieras avergonzar. Ahí llevan ventaja los que no tienen vergüenza —concluyó, y para animar a Turek le dio un manotazo en la espalda.

Illenberg pensaba que no tardaría en estallar una guerra civil, una radicalización: en un bando, las nuevas ciudades privadas con sus servicios secretos privados, su sistema de sanidad privado y sus colegios privados; del otro, el Estado, al que no le quedarían ya más atribuciones que la vigilancia de las fronteras exteriores y la construcción de carreteras entre las ciudades privatizadas, atravesando los territorios de donde no podría salir toda aquella otra gente que no pudiera permitirse vivir en las nuevas ciudades; y esos territorios, el *bad bank* de la nueva sociedad, supondrían un problema de seguridad tremendo, a menos que a sus moradores les dieran la posibilidad de conseguir cosas gratis a cambio de sus datos, cosas que les dieran la sensación de haber hecho un buen trato y de tener poder. Por eso tiene tanto éxito Alexa —decía Illenberg—, la gente se engancha, porque se cree que manda: «Alexa pídeme la comida» es una frase que antes solo podían decir los que tenían empleados y servicio en casa, y ahora puede decirla todo el mundo, todo el mundo puede sentirse jefe, amo y señor al son de cuyas órdenes bailan otros, y además es mucho más cómodo, pues el criado electrónico no se puede fugar después de robarte toda la plata o vaciarte la caja fuerte... Y la otra solución es China —prosiguió—, donde el Estado, a través de las máquinas de captura de datos que pertenecen a empresas privadas, se entromete en la vida y el pensamiento y los planes de sus súbditos, con el propósito de predecir e impedir revueltas y otros tipos de protesta. Regiones del mundo donde el individuo no estuviera expuesto ni a la dictadura de las grandes tecnológicas ni a un régimen totalitario solo se le ocurrían el sur de Argentina, unas cuantas islas de los mares del Sur y una región remotísima del centro de África. Ganaba Argentina.

***

Sara se reunió con una delegación de los beduinos de Qattara. De entrada estaban indignados, pero su indignación se tornó desconcierto cuando ella les presentó los datos de las temperaturas incompatibles con la vida que le esperaban al cinturón del desierto norafricano como consecuencia del sobrecalentamiento global.

***

A Turek le habían dado un coche de empresa, un Tesla, y con él fue de Berlín a Dresde, donde Aura daba una conferencia. Hizo el viaje con la esperanza de poder tomarse un vino juntos después de la charla y luego pasar la noche en el hotel de ella, pero cuando el acto acabó y se acercó a hablarle, Aura lo miró con sorpresa y sin saber bien qué hacer, le dio un abrazo y le dijo que «ya si eso» se tomaban el vino más tarde, y Turek se fue al bar de la esquina a consolarse con unas cervezas hasta que, horas después, cuando ya empezaba a ver borroso, le llegó un mensaje: «Lo siento, estoy agotada y muerta de sueño —ponía—, me meto en la cama ya, qué ilusión que hayas venido, abracito, A». Turek la llamó, pero ella no le cogió el teléfono, así que medio borracho, medio en *shock* se metió a trompicones en el Tesla, pisó el acelerador, embistió a un arbusto, *crac, chaf*... sonó a huesos rotos... pero no eran más que unas ramas, ¿no? Nada, nada, unas ramas, *chuiccc, ccrrraccj* que se llevó por delante el guardabarros delantero. El coche se quedó con unas cuantas pilladas con la matrícula, tiesas hacia arriba como un arreglo floral... Permítame ofrecerle este bello y festivo ramo en señal de mi...

Turek puso el piloto automático y, medio desmadejado en el asiento del conductor, fue viendo pasar el panorama de postal romántica que conformaban la célebre iglesia de Nuestra Señora y la Terraza de Brühl, festivamente iluminadas como para burlarse de él, y el coche cruzó el puente sobre el Elba con un suave murmullo antes de ponerse a pitar enérgicamente para que pusiera las manos en el volante. Beodo como iba, Turek pasó por Barzig y por Bronkow haciendo caso omiso de todas las señales de advertencia del coche y pisando el acelerador con toda su rabia, y, al cabo de media hora, con la batería casi agotada, tomó una salida de la autopista que llevaba a un lugar llamado Groß-Köris, más allá de las orillas del Moddersee, donde el coche se le quedó clavado de golpe.

A su móvil tampoco le quedaba más que un 2% de batería después del sinnúmero de llamadas que había hecho a Aura en vano, y tampoco tardó en apagarse, así que Turek se encontró deambulando por caminos forestales en busca de una estación de carga y, al final, a oscuras, siguiendo el ruido de la autopista, fue a parar junto a un lago donde había una parejita acostada en la hierba que reaccionó a sus cautelosos «Disculpen... Oigan... por favor, ¿me podrían decir...?» levantándose de un salto y echando a correr con torpes zancadas en la dirección contraria; la mujer le sacaba una cabeza al hombre.

Turek tenía frío. Por encima del bosque se veía un cielo estrellado. Entre los arbustos se oyó moverse algo. Se preguntó si también en aquel bosque habría lobos, pero lo que apareció no era más que un zorro que se quedó quieto un instante y luego se alejó corriendo campo a través. Turek siguió avanzando a trompicones, notó el frío de su exangüe teléfono, lo sacó del bolsillo con la esperanza de que se hubiera recuperado de forma misteriosa y se lo guardó de nuevo, llegó por fin a Motzen y Kallinchen, que parecían pueblos fantasma, con sus chalets unifamiliares en la linde de la carretera, de esos con seto de tuya, entrada para el coche con baldosas en rojo y negro y fachada color vainilla, ahora con las persianas bajadas; limusinas de gran tamaño y SUVs en espera de volver a la acción por la mañana.

Más allá destacaba en la oscuridad una especie de caja blanca enorme, un espejismo, un barco contenedor encallado en medio del campo de Brandeburgo... Podría ser un centro de distribución. A lo lejos se oyó la bocina de un camión. Luego se quedó todo en silencio. Turek se sentó en una piedra y aguzó los oídos, creyó captar el murmullo de un arroyo, aunque también podía ser el latido de la sangre en sus propios oídos. ¿Y si Aura intentaba comunicarse con él?

Finalmente, en medio del silencio de aquella noche en la Prusia profunda, oyó un zumbido *in crescendo* que se convirtió en rugido. En Kallinchen, a la una y media de la madrugada, apareció un motorista de piel pálida y pantorrillas tatuadas. Al ver a Turek, paró y se apeó sin decir nada.

***

Driessen estaba muy entero, pero lívido. Aunque el asunto de Alina saliera a la luz, no supondría una gran catástrofe... Bueno, su mujer se enfadaría, pero eso seguro que lo arreglaba él con un viajecito de compras a Nueva York. Lo que traería consigo una catástrofe sin parangón sería que saliera a la luz el *cómo* se había descubierto el asunto de Alina, es decir: que se supiera cómo esos dispositivos inteligentes con que habían equipado cada rincón del nuevo barrio de la ciudad se activaban solos en las situaciones más inoportunas y lo grababan todo... Ya veía los titulares: «Jefe del proyecto de las *smart cities* pillado en la cama por sus propias máquinas»... La ciudad entera se reiría, los reaccionarios se iban a desternillar, el alcalde, un tipo que de por sí estaba siempre paliducho y con miedo a algo, igual les echaba abajo el proyecto entero.

Por su parte, ella no tenía problema en hacer desaparecer aquella grabación antes de que se enterase nadie más, le había dicho la chica. Quería dinero. De hecho, había formulado su propuesta en términos bastante amables: ella estaba en dificultades y él, ahora, en cierto modo, también, así que tal vez podrían ayudarse mutuamente, y cuando ella ganara lo suficiente incluso podía plantearse devolvérselo... Eso a Driessen le daba igual. ¡Pero qué mala suerte! Puto aparatito. Ya se las ingeniaría para desgravar el importe: encargo de investigación a la Sra. Tal y Cual, asesoramiento tecnológico, 50 000 euros. ¡Hala, pues para ella! Problema resuelto. Con todo, debía reconocer que era un pellizco considerable. ¡Menuda sinvergüenza! Por la misma cantidad también se podía conseguir un sicario de primera en Moscú, pensó, pero enseguida descartó la idea.

***

El motorista que había parado escuchó las explicaciones de Turek, repitió la palabra «estación de carga» con el cordial tono de guasa que caracteriza el habla de aquella zona y le prestó su móvil para llamar al servicio de atención al cliente de Tesla.

Mientras Turek esperaba que lo atendieran, le señaló el asiento del pasajero de la moto y lo llevó hasta su inservible coche. Era panadero en una de las fábricas de la región e iba de camino al trabajo.

***

Al día siguiente, Turek fue con Illenberg a la zona piloto. Salió a su encuentro a la entrada del recinto Berenkov, y detrás de él iba su ayudante con una pesada caja de herramientas; llevaba Crocs y una camiseta con una imagen de un lobo y una diana debajo.

—¿Qué es eso? —preguntó Turek.

—El lobo —explicó el ayudante con marcado acento sajón—. Hasta aquí no llegan, pero entre una cosa y otra ahora hay más de los necesarios. Igual hasta se podía convertir en un negocio.

Illenberg se dio la vuelta y se rio.

—La gente de aquí está cabreada porque tienen prohibido disparar a los lobos, y los entiendo. Ya no se puede ir al bosque, se acabaron los paseos con los niños y los perros. Aunque, mira lo que te digo, no sería mala idea para revitalizar un poco la Sajonia Oriental —comentó—, o toda Alemania: se inundan todas las antiguas canteras y minas a cielo abierto, ahí ya salen unos lagos bien bonitos, se ponen coquetas algunas ciudades de la provincia para los turistas chinos, o se construyen unas nuevas, y el resto se deja a merced de la naturaleza, y que los chinos se entretengan cazando lobos, que vayan de safari lobuno, igual que iban los ingleses a cazar leones a Kenia hace cien años.

—¡Eso! —le siguió el juego Turek—. Y la Sajonia Oriental sería el nuevo Serengeti.

—Yo lo veo. A los parados haciendo de porteadores y controlando el rastro del lobo, al turista chino con el típico atuendo de safari, o también disfrazado de cazador alemán, como los que cazaban jabalíes antiguamente, pues, ya que estás con la escopeta, te puedes cargar a alguno detrás de un arbusto y luego se aprovecha para la cena, cocinado allí mismo en una fogata... y luego un cañonazo de campeonato con una 505, la misma que se usaba en África en tiempos, dos toneladas de presión de disparo directas a por lobo alemán... ¡Bummm! Y luego se diseca el bicho y se empaqueta para llevar a China. Un modelo de negocio de puta madre.

***

Volvieron a media tarde. Turek tenía hambre y pidió una pizza a través de la *app*. Al cabo de media hora apareció un *rider* de aspecto lamentable. Era Malewitz. Llevaba un uniforme de ciclismo muy peculiar, había aparcado la bici reclinada en la misma calle.

—¿Qué tal, tío? —dijo Malewitz con cierto apuro al abrirle la puerta Turek.

Turek se le quedó mirando fijamente. Al parecer, lo del alquiler del barco no estaba yendo bien.

—Pasa, hombre —le dijo—. ¿No te apetece un trozo de tu pizza?

—Gracias. Tengo que seguir currando.

Turek abrió el cartón de la pizza. Todo apuntaba a que Malewitz lo había llevado en vertical en la mochila, o que se le había caído por unas escaleras, porque aquello era un amasijo impresentable de tomate, queso fundido y masa hecha una bola en una esquina de la caja.

—Lo siento, tío —dijo Malewitz—. Pues nada, *ciao*.

Desde la ventana, Turek lo vio subirse a la bici igual que hacía en sus tiempos del colegio; con un pie adelantado, sobre el pedal, y la barbilla pegada al pecho, Malewitz miró el móvil. Luego empezó a pedalear y desapareció en la oscuridad que ya reinaba en las calles.

Llamó Driessen para decirle a Turek que le había dado otra vuelta al tema de las células dormitorio, porque en el futuro surgiría el problema de la precariedad de los empleados nómadas, que en el capitalismo de plataformas no llegarían a ganar lo suficiente como para permitirse una vivienda, aunque, bueno, a fin de cuentas, hoy en día tampoco necesita uno tanto espacio... basta con un móvil, un sitio donde dormir, un enchufe para cargar los dispositivos... Si vendían la idea como la nueva libertad posmaterial, había que reconocer que él veía ahí un mercado bien grande.

***

Unas semanas más tarde, Turek tuvo un accidente curioso, que se produjo a raíz de que Driessen convocara al equipo a una reunión de crisis a la que no podía faltar: Turek había recibido una nota de voz de su jefe, aceleradísimo, y debió de dictarla al iPhone sin revisar después lo que interpretó el reconocimiento de voz. En cualquier caso, le mandaba «cables con ese doctor off», pero Turek no había conseguido localizar a Doctoroff y además iba tarde, a toda velocidad con el coche por las calles laterales, y con la esperanza de que alguien hubiera dejado un hueco para aparcar; giró por la misma calle que acababa de recorrer y un ciclista salió rodando hacia un lado porque no había oído llegar el supersilencioso Tesla de Turek; en el interior de este empezó a pitar el aviso de cinturón desabrochado como si no hubiera un mañana, pues el conductor se hallaba en peligro mortal, pitidos que no hicieron sino poner al mismo todavía más nervioso de lo que ya iba y que después dio cuatro vueltas a la manzana para girar, harto y desesperado, hacia el Kurfürstendamm, donde ya había toda una fila de coches en batería en la parte central de la calzada; el sol, que estaba muy bajo, le cegaba, y a contraluz lo veía todo como un paisaje de ruinas calcinadas; al final atisbó un hueco detrás de un todoterreno y, aliviado, se lanzó hacia él... demasiado deprisa como para poder frenar al darse cuenta de que, al fondo del hueco, que solo era tal en apariencia, había aparcado un Smart. Turek pisó el freno hasta el fondo, y el Tesla bajó el morro de golpe para meterlo directamente por debajo del guardabarros del Smart con tanta fuerza que lo lanzó cual catapulta hasta el lado opuesto de la calle, donde el pequeño, con una graciosa voltereta, fue a caer sobre el techo y con las ruedas en alto justo frente a una tienda de Prada (en la que no había ni un alma comprando), y allí se quedó, como un animal abatido. El coche de Turek tenía unos leves arañazos en el guardabarros y había perdido la placa de la matrícula, pero, por lo demás, estaba bien aparcado, sin incumplir las normas ni llamar la atención, en el hueco que hasta hacía un instante ocupaba el Smart. Ni siquiera se intuía que la posición surrealista en que había quedado pudiera tener que ver con el Tesla. Quien pasara por el lugar bien podía pensar que el cochecillo ruedas arriba era un resto de alguna *performance*, pues aquello no dejaba de ser Berlín, y en Berlín la gente está más que acostumbrada a pensar, cuando algo parece muy raro, que igual es cosa de algún artista. De haber sido por él, Turek hubiera podido abandonar el lugar del siniestro sin más, pero el Tesla había dado aviso automático a la policía y ambulancias. Al apearse del coche, un poco aturdido todavía, oyó las sirenas de varios vehículos que se acercaban.

***

Aura se había ido unos días a la playa con el niño. Louis estaba ahora a la orilla del mar, con el pelo alborotado por el viento y una tabla de *bodyboard*. Uno de los surfistas que esperaban en *line-up* más allá del banco de arena tomó una ola y se le acercó. Aura observaba a los dos desde su toalla, muy atenta, con las rodillas dobladas y la barbilla apoyada en ellas. A Louis parecía caerle bien el chico. Era guapete. Sonrió de oreja a oreja y la saludó brevemente con la mano cuando Louis la señaló con el dedo. Sí que era guapo, sí.

Igual no tenía muchas luces, pero... que no, que era un chico guapo y ya. Vaya si lo era.

El chico se había puesto a jugar con Louis, lanzándolo por los aires por encima de una ola. Cosa que su padre no había hecho con él jamás. Igual lo hacía con los hijos de la nueva...

Ahora, el surfista se acerca a Aura. Se despide. Nada de tirarle los tejos a lo tonto, un breve apretón de manos, pero apretando bien, y cuatro palabras amables, que si qué niño más maravilloso y tal. Un poco sospechoso incluso. A ver si iba a ser...

Que no, que era un guaperas estupendo. Pero estupendísimo.

Más tarde, el niño se ha quedado dormido en la playa y a Aura le huele el pelo. Se ha pasado la vida comprobando si respira bien, cada noche está atenta a su respiración, no se le quede la cabeza debajo de una almohada, aunque sabe que no se va a asfixiar por tener una almohada en la cabeza. Han huido los dos, el niño y ella. Al padre le pareció bien, casi se sintió aliviado, ya iría a visitarlos, fue lo que dijo el día que quedaron, hasta la ayudó a cargar unas cuantas cajas en el coche, las bajó con ella por la escalera; una de las veces incluso le sonrió tímidamente por encima de una caja —primera sonrisa en varios años—, mientras recorrían el pasillo a oscuras cargándola entre los dos, él por delante pero caminando de espaldas, ambos formando un peculiar cuadrúpedo que se dirigía a la calle con paso tambaleante.

El dinero habría de ser suficiente para un año, pensó Aura, y allí, en medio del campo en Francia, incluso para dos. Alquiler de la vieja casa de piedra al otro lado del arroyo, junto al puente: 380 euros al mes. Así podría terminar la tesis. En verano hacía un calor tremendo, pero luego se podía ir al bosque. En el bosque había un lago, agua fresca. Patos en la orilla. De cuando en cuando, un zorro se zampaba algún pato y luego se veían plumitas blancas flotando en el agua. Louis y ella vivirían allí dos años, hasta que le tocara empezar la primaria. Qué maravilla. *Love Alexa.*

BOSQUE

Turek esperaba a Illenberg. Sentado unas mesas más allá vio a un tipo que le trajo recuerdos desagradables, era Malewitz. Llevaba gafas de sol y se estaba tomando un mate. Al darse la vuelta, reconoció a Turek y se acercó a su mesa. Turek le preguntó qué tal iba lo de su barco.

—Bien y mal —respondió Malewitz.

—Empieza por lo malo —dijo Turek.

—Lo malo es que se me han ido los gays. Se mareaban por la noche y uno de ellos se la pasaba vomitando. Los eché. Luego, como viste, me puse otra vez de repartidor. Pero los de Deliveroo son unos cabrones. Te hacen llevar tu propio móvil y reparar la bici por tu cuenta; antes, en Domino's Pizza, aún te ponían una motocicleta que pagaban ellos, pero eso se acabó.

Malewitz hizo un gesto con la mano como para decapitar a alguien invisible. Llegó Illenberg y se sentó con ellos.

—Vaya plan —dijo Turek—. Bueno, ahora cuéntanos lo bueno.

—Pues nada, que aún tenía algunas bicis, así que me dirigí a uno de esos refugiados que viven en contenedores. De Ghana son. Simpáticos, oye. Están todo el día sin nada que hacer y tienen ganas de trabajar y, claro, no tienen permiso y hay que reconocer que el dinero que reciben tampoco da para mucho. Una situación de mierda. Así que ahora, cuando me hacen algún encargo a mí, se lo paso. Y vamos a medias. Les sale a dos euros por pedido. Y yo soy pues como una especie de plataforma, ¿me entiendes? Saco quince euros la hora y ya no pedaleo.

Malewitz miró el móvil y se levantó.

—¿Te haces cargo de la consumición? —farfulló y le puso una mano en el hombro a Turek—. Es que no llevo suelto. Tengo que ir al barco, que viene gente a verlo para alquilar. Hasta otra, tíos.

—Menudo capullo —dijo Illenberg, cuando Malewitz hubo salido por la puerta.

Turek estaba muy cariacontecido.

—Aura está en Tarnac —dijo.

—¿En Francia?

—Sí. En ese pueblo precisamente. Conoce a alguien de allí que le ha dejado la casa. Me ha escrito para contármelo.

De Tarnac sabía, sobre todo, que el gobierno francés sospechaba que allí estaba asentado el colectivo anónimo que se hacía llamar «el Comité Invisible», autor del famoso ensayo *La insurrección que viene*. La tesis del libro era que la sociedad francesa estaba atrapada entre un consumismo como consuelo de la tristeza, un egoísmo típicamente pequeñoburgués y carente de solidaridad y una absoluta falta de perspectivas; llegado ese punto, la única salida posible era la continuación y expansión de las revueltas que tuvieron lugar en las *banlieues* en 2008. El último capítulo formulaba una especie de manual de instrucciones para la revolución, incitando a robar la comida de los supermercados y boicotear los trenes de alta velocidad, los servidores y, en términos generales, toda la infraestructura del capitalismo moderno. Habían acudido ciento cincuenta policías a rodear el pueblo, varios helicópteros lo sobrevolaban y, a primera hora de la mañana, irrumpieron en las casas varias unidades especiales para detener a veinte hombres y mujeres que llevaban tiempo viviendo allí en una suerte de comuna, pero como no se encontraron pruebas de nada, tuvieron que liberarlos de nuevo.

Turek se había puesto tan nervioso al leer el mensaje de Aura contándole que iba a pasar unas semanas allí que estaba firmemente decidido a ir a verla y hablar con ella, porque a ver: ¿para qué le escribía a contarle que estaba allí si no era con la intención de que fuese?

***

Turek voló hasta Burdeos. La fachada de su hotel, un edificio de piedra del siglo XIX, acababan de limpiarla con chorro de arena y se veía toda blanquita en comparación con la de enfrente, toda negra por la contaminación de los coches y las chimeneas. En una de las ventanas de aquella casa vio Turek a dos viejecitos asomados a la calle a través de unos visillos amarillentos. Seguro que ya vivían allí cuando la fachada no estaba tan sucia. En breve, también a su edificio le pasarían el chorro de arena para, una vez limpio, alquilar los pisos diez veces más caros a unos cuantos parisinos ricos que se podían permitir tomar el TGV hasta la capital para ir a ver cómo iban sus empresas de internet y, por lo demás, pasar sus días bebiendo vino y jugando al golf, y los ancianos del lugar se tendrían que buscar la vida para meterse en otros pisos, como también sería sustituido por algún sushi-bar o algún local especializado en masaje balinés el carnicero de toda la vida, que cada mañana cargaba los cerdos cortados por la mitad que le servía un camión refrigerador para despiezarlos en su trastienda como mandaba el oficio. El viejecito posó una mano en el hombro de la viejecita, y ella se retiró de la frente una guedeja de pelo gris y le sonrió. Turek contempló con cierta amargura aquel monumento de una felicidad que, sin duda, ya duraba más de sesenta años y bajó las persianas. Aquella noche soñó que freía a *electroshocks* a un robot hasta que se dio cuenta de que el robot en realidad era él mismo.

A la mañana siguiente, alquiló un coche y emprendió el camino a través de la Garonne y cada vez más hacia el interior, donde los bosques de pinos van dando paso a los hayedos.

Tomó la D160, una carretera comarcal estrecha que lo llevó hasta Tarnac. Un pueblo de casas antiquísimas de piedra con tejados de pizarra y contraventanas de madera y ventanas blancas. Una tienda de ultramarinos que se convertía en un pequeño bar. Sin gente en la calle. Turek entró en el bar, donde había cuatro personas que lo miraron mal y juntaron las cabezas para cuchichear. Turek preguntó por Aura, a quien no conocía nadie, se tomó un vino y aguzó los oídos para enterarse de una conversación en la estancia contigua. Esa noche iba a pasar algo donde la colonia de veraneo. Las voces se convirtieron en dos hombres delgados que abandonaron el local para ir arrastrando los pies hasta un viejo Peugeot. Turek pagó y los siguió con su coche. Giraron a mitad de camino entre Tarnac y Peyrelevade y tomaron un estrecho camino de tierra hacia el interior del bosque. Llegaron a un garaje donde aparcaron y siguieron por un sendero cubierto de maleza. Y Turek detrás.

En un claro del bosque había una casa de madera medio en ruinas con una pirámide de cristal en el techo, una construcción de los años setenta que por entonces debió de resultar tremendamente futurista. En una vieja piscina que ahora solo estaba llena de agua de lluvia fangosa flotaban algas, tablones de madera y

mesas. La luz del final de la tarde se filtraba por entre los pinos. A unos pocos cientos de metros se oían voces. Frente a una cabaña de madera había un grupo de unas treinta personas sentadas en la hierba escuchando a un tipo.

El orador, enjuto y vestido de negro y a quien Aura seguro que habría calificado de muy atractivo, pronunciaba una especie de discurso en el que anunciaba que iban a jugar a un juego: el apocalipsis ya había tenido lugar —afirmaba el tipo—, la comida ya había mutado, la tecnología ya había penetrado en las mentes de la gente y ya solo existían dos equipos: las personas y los zombis, dos equipos que a continuación irían al bosque a luchar entre ellos; se podía elegir en cuál de ellos estar. Alguien se sentó en la posición del loto al lado de Turek y, sin decirle nada, le ofreció una cerveza. Llevaba una camiseta negra llena de agujeros y pantalones militares. Al cuello, un cordón de cuero con algo blanco colgado, tal vez un diente de tiburón. Pronto habría oscurecido. Aquí y allá se abrían las nubes pasajeras del cielo nocturno y permitían ver una cálida luna.

El grupo se deshizo y se puso en movimiento. En la penumbra, Turek fue dando traspiés hasta una parte del bosque en la que creyó reconocer a Aura, pero luego resultó ser una americana de veintinueve años con botas militares y mechas moradas en el pelo que se dirigió a él en inglés.

—Hi. Are you a zombie?

—No —respondió Turek.

—*Then you are one now* —dijo la mujer, marcándole el pecho con un rasposo lápiz de carboncillo. Luego desapareció en la oscuridad del bosque de abetos.

Turek salió como pudo de entre los arbustos espinosos para regresar a la cabaña. Un hombre con sombrero de cuero y camiseta interior atendía una barra de bar y lo miró de arriba abajo.

—Hola, zombi. Nunca te había visto por aquí. ¿Con quién estás? —le preguntó.

—Con... Bueno, más bien he venido por Aura —dijo Turek.

La respuesta pareció ser suficiente para el hombre, que le plantó delante un vino tinto en vaso de plástico y se rellenó el suyo.

—Acabo de llegar —dijo Turek—. Todavía no la he encontrado. Ella me escribió. Pero no consigo hablar con ella, debe de tener el teléfono apagado.

—Aquí todos tenemos el teléfono apagado —dijo el hombre al tiempo que se encendía un pitillo.

—¿Qué es este sitio? —preguntó Turek y señaló la zona de la piscina fangosa.

—En tiempos fue una urbanización de veraneo para empleados de la compañía eléctrica francesa. Ya hace mucho que se quedó abandonado, les salía muy caro mantenerlo solo para sus trabajadores, y para otros turistas quedaba demasiado lejos. Ahora lo aprovechamos nosotros un poco de otra manera.

Turek estaba conmovido por la amabilidad parca en palabras con que lo habían recibido, aunque en realidad estaba, sobre todo, extrañado de que allí claramente conocieran a Aura, pero no quisieran decirle dónde vivía. ¿De qué iba todo aquello?

—Pásate por el bar mañana temprano, ella viene siempre con su hijo —le dijo el hombre—. Puedes dormir aquí.

Turek le dio las gracias y se dirigió hacia su coche. Tumbada en la hierba, detrás de los olmos, había una pareja desnuda. Le dedicaron una mirada bastante larga, como invitándolo a sentarse con ellos. Turek les sonrió y volvió a Tarnac en el coche. El bar y los ultramarinos habían cerrado. El silencio era absoluto, no se oían coches ni aviones ni gente. Aparcó debajo de un roble y reclinó el respaldo del asiento al máximo; en la radio daban un concurso en el que se podían ganar bonos para comprar en la cadena de supermercados Super U. Hacia las tres de la madrugada se quedó profundamente dormido y no soñó.

Cinco horas más tarde lo despertaron los golpecitos en la ventanilla del tipo de la cabaña del bosque.

—Si quieres ver a Aura, está arriba, en el congreso que se está celebrando donde la serrería. Lo más fácil es que sigas a esos de allí.

Turek asintió con la cabeza, encendió el motor y fue detrás de una furgoneta blanca. El camino serpenteaba montaña arriba por la linde del bosque. Había llovido durante la noche, los prados aún estaban húmedos, un joven con un jersey de lana gruesa pastoreaba un rebaño de ovejas en dirección a un poblado de autocaravanas. En una de ellas salía humo de la chimenea. La furgoneta paró junto a un edificio de madera alargado frente al que se apilaban las tablas recién cortadas. Olía a madera y a oveja y a prados húmedos. En algún lugar chapoteaba una fuente. En el valle, a lo lejos, sonó una campana: el sonido seco, hueco y metálico característico de los pueblos pequeños y pobres y apartados de todo en cuyo campanario suena algo que recuerda mucho más a los cencerros de las vacas o a los golpes de una cuchara en una cazuela que a la solemne y polifónica prepotencia de las torres de las iglesias de las grandes ciudades. Un terranova trotó al encuentro de Turek.

Enfrente de la serrería había un cobertizo alargado, abierto, donde se habían congregado unas ochenta personas. Sentadas sobre los típicos bancos de merendero, contemplaban una gran pantalla. Un tipo daba una conferencia sobre robots. Turek se inclinó hacia su vecina para preguntarle:

—Perdona, ¿quién es ese?

—Es Betafighter.

—¿Betafighter? ¿Se llama así?

—Sí. Es su nombre del bosque.

El hombre cuyo nombre del bosque era Betafighter mostraba imágenes de robots y de iPhones. Decía que habíamos creado cosas cuyo comportamiento ya no comprendíamos... «Ya no sabemos lo que los algoritmos saben de nosotros —decía el conferenciante— ni lo que hacen con esos conocimientos». Y decía que la tecnología avanzaba hacia nosotros como algo extraño, en calidad de naturaleza, y al mismo tiempo ya se nos había metido en el cuerpo y agarrado a la red de conexiones de nuestro cerebro.

El problema no era que los robots cada vez se parecieran más a los humanos, sino que los humanos se comportaran cada vez más como robots y ejecutaran ciegamente las órdenes que recibían de los algoritmos; los robots envolvían los cuerpos humanos y chupaban de sus superficies todas las posibles informaciones, los miedos, los deseos, penetraban a través de la piel hasta lo más profundo; el interior de las personas estaba poblado por robots y las personas al mismo tiempo habitaban robots, estaban robotizadas, y ya no existía nada que pudiera considerarse «mundo exterior»... Y cómo iba a acabar todo ello se estaba viendo ya en China, en el sistema social de puntos que habían introducido allí para evaluar y educar a los ciudadanos, como si el Estado se hubiera convertido, por así decirlo, en una agencia evaluadora que puntuara el comportamiento de sus súbditos en función de sus compras, *apps* para pagar, búsquedas de internet, aparición en redes sociales, expedientes médicos y policiales, pero también mediante el reconocimiento facial de las cámaras que pronto tendrían instaladas por doquier en todas las ciudades y pueblos chinos. Los ciudadanos con más de mil trescientos puntos eran considerados de categoría AAA y, en esa «comportamientocracia», tendrían acceso a buenos colegios y billetes de avión baratos, mientras que a aquellos que, por el contrario, se pasaran una noche deambulando por las calles y cantando canciones problemáticas ¡zas! les quitaban puntos y adiós a viajar en el tren de alta velocidad; por criticar al Estado se caía por debajo de los seiscientos, por lo que se podía perder el empleo y, en algún momento, también la posibilidad de comprar cosas o de ir a cualquier parte; era una forma de dejar a la gente encerrada en casa e inmovilizada, más allá de que también las huellas digitales de los ciudadanos permitían calcular cómo se había comportado el ciudadano en el pasado y cómo se comportaría en el futuro.

Sin duda, habría intentos de hacer trampa (en la provincia de Shandong, en la China oriental, alguien había inventado un programa que cada mañana abría la página web del periódico afín al Partido, acción por la cual también se recibían puntos), y tal vez hasta llegara a formarse algún pequeño movimiento de protesta, una especie de movimiento punk digital que tuviese a gala mantener la puntuación por debajo de seiscientos e incluso aspirase a llegar a cero puntos, pero igualmente cabía esperar que a esa gente se la dejaría de ver por la calle enseguida, con lo cual no causarían mucho problema.

—Ahora bien, esto... —dijo Betafighter en tono solemne, señalando al perro de la serrería—, esto es ese «mundo exterior», y desde aquí, una región sin cobertura, tan poco poblada que no tienen sentido alguno ni el 5G ni el 3G, los librepensadores podrán oponerse a los teledirigidos y, más aún, podrán descubrir quién programa las máquinas que penetran en nuestro cuerpo —aquí, Betafighter se golpeó en el pecho—, y al final podrán programar ellos mismos, formar codificadores, pues el *coding* sería el siguiente frente de batalla.

El público aplaudió. Turek salió del cobertizo, en un extremo del cual había una pequeña cocina donde dos hombres muy bajitos echaban hierbas a un caldero de cobre descomunal; para remover la sopa, uno de ellos se había tenido que subir a un viejo taburete de tres patas. Dos mujeres hablaban en español, cada una tratando de convencer a la otra. Había un cartel que decía «ya es tarde para ser pesimista». Un peruano hojeaba un libro de Sherry Turkle sin decir nada. En el interior del cobertizo hablaba ahora una mujer, en concreto sobre gubernamentalidad neoliberal en la red: «Actualmente, —decía— internet no hace sino reproducir las relaciones de poder existentes»; por consiguiente, lo que había que hacer era reconquistar infraestructuras digitales y hacerse fuertes en la dimensión operativa con el fin de descubrir alguna reserva de potencialidades existente en el mecanismo: ya que la programación de las facultades sensoriales perseguía dirigir estas por canales conocidos, la respuesta tenía que ser el ataque a los servidores, un estímulo imposible de controlar que afectase a maquinarias y algoritmos... Aquel pueblo solo sería revolucionario si en él surgiera un segundo pueblo virtual que estuviera en todas partes, en Rusia y en Australia, una plataforma cuyos usuarios no dejasen huellas que pudieran interesar a ningún Estado ni a ningún grupo empresarial.

Salió un tercer orador, un hombre delgado y con unos rizos revueltos que le caían sobre la frente y por delante de los ojos cuando los bajaba para leer sus notas y luego se sacudía con la resolución de un caballo que agita las crines.

—Desde la caída de la Unión Soviética en el 91 —empezó—, el producto social global, es decir: la suma de todas las riquezas que se producen en el mundo se ha triplicado, de 6500 billones de dólares en 2018 a 20 500 billones de dólares. Las principales quinientas grandes empresas privadas transcontinentales, juntando todos los sectores, controlan el 52,8% del producto interior bruto mundial. Esas quinientas grandes empresas tienen un poder ideológico, militar, tecnológico, científico, político como el que jamás tuvieran un emperador o un rey o un papa en este planeta. Escapan de cualquier control social, parlamentario o sindical. Son más fuertes. Hay muchos ejemplos de ello. Las grandes empresas dan órdenes directas, incluso a jefes de Estado. Es una dictadura de las grandes empresas, una dictadura mundial. Lo diré de nuevo: tienen mucho poder, porque dominan el progreso científico, tecnológico, electrónico. No obstante, funcionan de acuerdo a un único principio: la maximización de los beneficios en el menor tiempo posible y a cualquier precio humano. Ese orden mundial caníbal es el que debemos romper antes de que destruya nuestro planeta por completo. Debemos...

Turek pilló un trozo de *baguette* y salió a la puerta.

El paisaje: prados envueltos en bruma. Humedad. Rocío sobre la hierba. Zapatos de cuero oscurecidos y blanduzcos por culpa del agua. Barro. Olor a madera recién talada y a humo y a ropa mojada. Más atrás, ovejas.

Poco después vio a Aura. Llevaba un vestido largo de algodón y un top de tirantes. Su hijo jugaba con el terranova, hundía las manitas en el pelo largo y suave del perro y no vio a

Turek. Un hombre de melena rizada cogió a Aura de la mano; en la puerta de una cabaña la besó y se la llevó por la oscuridad de un pasillo.

—¿Te vienes con las ovejas? Hoy nos toca esquilar —dijo una voz ronca detrás de Turek.

Turek se volvió. Un hombre de mediana edad sostenía una especie de afeitadora de tamaño gigante como si fuera un tridente, parecía un Neptuno en el escenario equivocado. Más allá, otro hombre sacaba largos tablones de la serrería. Otros dos hombres intentaban subir con su cochecillo por un camino embarrado.

El de la maquinilla de afeitar se encogió de hombros al ver que Turek no le contestaba y desapareció en el interior de la cocina. Alguien entró en el cobertizo con una ensaladera. Era evidente que se iba a celebrar una comida de grupo. A Turek le entraron náuseas.

En el viaje de vuelta, pernoctó en un hotel Ibis. Aterrizó en Berlín hacia el mediodía.

***

Turek cambió. Ahora pasaba más tiempo que de costumbre en la granja de servidores de la entrada de la ciudad. Le tranquilizaba el orden de las cosas de allí, el parpadeo regular de los pilotos de control, la belleza de la luz azulada que, hacia el fondo de la nave, se difuminaba en un tono pastel neblinoso. Hubiera preferido que le asignasen el proyecto de Qattara, pero Driessen se lo había dado a Sara porque sabía árabe, y la granja de servidores también era un buen sitio. Turek paseaba entre los *racks* como otra gente lo hace por el bosque, se agachaba como un buscador de setas cuando descubría una grieta en el suelo de hormigón y se recreaba contemplando los grandes árboles de cables y conductos de ventilación como si fueran magníficos troncos de árbol; después de sus paseos, se ponía a ver la tele.

Tangencialmente a las protestas internacionales contra la cumbre del G7 en Biarritz se produjeron ciertos altercados. Las televisiones mostraron imágenes que las cámaras de seguridad habían tomado de los alborotadores; en una esquina de una calle Turek creyó reconocer a Aura: llevaba la cara cubierta por un pañuelo, pero le resultó familiar la manera de subirse a una valla antidisturbios colocada delante de una filial del Crédit Agricole cual avezado *cowboy* que monta sobre la grupa de su caballo.

***

Jonathan Illenberg estaba fatal. Hablaba de dejarlo todo. Pasaba de aquel rollo del mundo nuevo; él quería comer asados, ir en coche y hacer fotos con cámara analógica, y le bastaba y sobraba con un Nokia viejo.

Turek lo miró. Illenberg tendría, a lo sumo, treinta años. Después de que insultara a varios compañeros, tachándolos de inútiles que no se enteraban de lo que realmente se estaba jugando allí, Turek lo invitó a pedir una baja, y los médicos le diagnosticaron una crisis maníaco depresiva.

Illenberg había tenido que leer unos libros espeluznantes sobre la catástrofe climática, cuya tesis era que todo esfuerzo por prevenirla carecía de sentido, puesto que ya se había iniciado un proceso de calentamiento global que obligaría a la humanidad a abandonar la tierra en cuestión de doscientos años a lo sumo... Eso también lo había dicho Stephen Hawking, y por algo estaba Elon Musk trabajando en su cohete para ir a Marte, a no ser —decía Illenberg— que se eliminasen con efecto inmediato todas las vacas, con sus fatales flatulencias, las centrales térmicas de carbón y la industria de la construcción entera, causantes de un calentamiento global de hasta siete grados. Ciudades como Karachi o Calcuta o Laos se volverían prácticamente inhabitables; a todos los que no perecieran allí mismo por el calor los empujaría hacia los países más fríos una sequía tremenda, con lo cual se produciría una emigración masiva desde África y la India, quizá también desde algunas partes de China; no obstante, la población mundial seguiría aumentando hasta alcanzar los 11 mil millones... y eso al tiempo que el territorio habitable del planeta se reducía a la mitad más o menos... Así que nuestras estúpidas *smart cities* —proseguía— acabarían en guerra sí o sí, y China iba a liar una guerra en el Pacífico y en el Índico y solo a Latinoamérica la dejaría en paz, pues allí aún quedaban demasiadas materias primas como para bombardearla. Harían la guerra por el Pacífico, y así no se tocaba el Atlántico. Por eso quería él irse a Argentina, más bien hacia el interior del país.

—¿Y Qattara?

—Va a ser un desastre que no veas... —dijo Illenberg.

***

Llamó Sara por Skype. Estaba en El Cairo, sentada en el pasillo de no-sé-qué sede de la administración egipcia. Había problemas con el gobierno por el proyecto de Qattara, decía su voz en tanto que la imagen primero se veía temblorosa y después se quedó congelada (Turek empezó a odiar Skype profundamente); los beduinos —decía la voz que acompañaba a la estampa intermitente de la cara congelada con la boca abierta— estaban haciendo muchísima presión con su central nuclear, aunque ella creía que aún sería capaz de pararles los pies, porque los chinos tampoco estaban a favor, sino que querían superficies cultivables, y eso era una ayuda considerable por el momento... Claro, luego habría que ver cómo librarse de los chinos y sacarlos del proyecto. En fin, que así andaban las cosas.

Turek se quedó mirando la imagen congelada de la pantalla de su móvil. La cara de Sara tenía los ojos cerrados, aunque ella los tendría abiertos mientras hablaba. Se sorprendió a sí mismo agrandando la imagen con dos dedos para ver mejor qué se había hecho en el pelo, y conseguía hacerlo, pero solo mientras mantenía los dedos sobre la pantalla, porque luego la imagen volvía a su formato normal. Sara se despidió con el sonido abocinado del final de llamada del programa, y su cabeza desapareció de la pantalla, dejando paso a la absoluta negrura de la noche digital.

***

Alguien se había enterado de que la empresa de Driessen tenía acciones en una compañía minera que extraía coltán en la Provincia Oriental del Congo y había sido objeto de crítica por su vinculación con grupos de rebeldes y porque tenían a niños trabajando en las minas. Turek debía encontrar una solución y mover un poco las relaciones públicas —le había mandado Driessen—, así que la idea era fundar una empresa que se llamara Fair Coltan y, de paso, se ocupara de reforestar la selva lluviosa o de alguna buena acción similar.

Ya vibra otra vez el móvil, ya aparece un mensaje en la pantalla... Alguien ha escrito un *post* en contra de Driessen:

Turek tiene puesta una alerta para reaccionar de inmediato o, cuando menos, avisar a los de *social media* de la empresa, un equipo que trabaja en la cuarta planta, todo gente jovencísima (los más jóvenes acaban de cumplir los diecinueve), una generación bien distinta de la de Sascha Peterson, que ya tenía veintisiete, casi veintiocho (a esa edad, Jimi Hendrix ya estaba muerto); un equipo que se pasaba el día con el pinganillo en la oreja, escribiendo en las redes y subiendo *posts* por aquí y por allá y comiendo la ensalada en el recipiente de plástico que traía el emigrante de turno metido a repartidor de Deliveroo... pero muy majos todos, de verdad, escribían posts incluso durante la noche, desde la cama, no dormían nunca.

También Turek se llevaba ahora el teléfono a la cama. Hacía un año, aún lo dejaba cargándose en la encimera de la cocina, pero poco a poco se le había ido pegando más hasta hacerse hueco directamente al lado de la cama, nunca más lejos de donde alcanzaba estirando el brazo. A veces hasta se quedaba dormido con el móvil en la mano, y lo despertaba la suave vibración de algún mensaje o correo entrante.

***

Mientras se zampaba su tercer *croissant*, Illenberg leía las noticias. En la ciudad china de Ningbo habían vituperado públicamente a la renombrada empresaria Dong Mingzhu, presidenta de Gree Electric Appliances, el mayor fabricante del mundo de aires acondicionados, porque un programa de reconocimiento facial la había grabado cruzando un semáforo en rojo. Las cámaras de vídeo filmaban las caras y, gracias a las inmensas bases de datos que tenían en la República Popular China, no era nada difícil identificar a la gente. Para avergonzar a la infractora, su fotografía con nombre y número de documento de identidad se proyectaba en las enormes pantallas que flanqueaban las calles. Sin embargo, Dong Minghzu ni siquiera estaba en aquella ciudad en el momento de la infracción. Lo que había captado el sistema de reconocimiento automático era una fotografía de ella que se utilizaba para publicitar su empresa, en este caso: en un lateral de un autobús de línea, y la había confundido con la persona.

En Washington, un robot de seguridad de la empresa Knightscope se había caído a una fuente mientras patrullaba por un complejo de edificios; a pesar de los láseres y sensores y del GPS, no había sabido reconocer los escalones que conducían hasta el agua. Una foto mostraba al robot, una mezcla de cohete y caballero andante distraído patas arriba en el agua turbia, de donde lo habían tenido que sacar varios empleados con harto esfuerzo. «Nos habían prometido el teletransporte —comentaba un periodista— y todo cuanto tenemos son robots que se suicidan al menor descuido».

La *app* de salud de Illenberg emitió un aviso. En el fondo, el móvil con sus correspondientes aplicaciones era una máquina detectora del *worst case scenario*, porque al puñetero aparato jamás se le ocurrían sugerencias como: hoy, la temperatura de los lagos es de 22 grados, deja el trabajo diciendo que estás malo y vete a bañar. Siempre se trataba, única y exclusivamente, de inminentes amenazas de muerte; todo el modelo de negocio de la vida sana del tardocapitalismo digital se basaba en meterle miedo a la gente y venderle cosas para ayudarla a escapar de la muerte: coches como tanques, aplicaciones que no paraban de calcular el riesgo de sufrir un infarto o una agresión por parte de otra persona. En otros tiempos, si la gente se moría tal vez antes de lo previsto, al menos se lo había pasado bien hasta entonces; ahora, la vida entera se concebía partiendo de la muerte, y todos aquellos constantes esfuerzos histéricos por evitar la muerte al final tenían como consecuencia que la muerte se había hecho omnipresente y todo guardaba relación con alguna de las formas de eludirla; y así andaba todo el mundo, con mil precauciones para cualquier cosa y guardándose de cualquier peligro o aventura... Y por puro miedo a la muerte —como suele decirse— se perdían la vida.

Illenberg dejó el trabajo al día siguiente. Le daba lo mismo morirse de un infarto que igual podía evitar gracias a los correspondientes sistemas de prevención, y le daba igual que su nevera pudiese entablar conversación con su coche o apagarle la luz de casa; deseaba recorrer el *último kilómetro* andando en lugar de perder media hora bregando por sacar un patinete eléctrico de algún poste no muy inteligente; no quería tener que demostrar nunca más a ningún robot que él no era un robot, porque sabía marcar los pasos de cebra en las pruebas de cuadraditos... y ¿cómo iba a conocer nunca a ninguna cajera si todas las tiendas tenían pago automatizado o en sus puertas no había más que drones en lugar de los repartidores de pizza de toda la vida?

Se marchó a Argentina. Lo último que vieron de él fue una foto en la que aparecía frente a un todoterreno aparcado en segunda fila a la puerta de un bar de Monte Hermoso. Encima del capó, una lata de cerveza. La camisa mostraba manchas de sudor y estaba llena de polvo rojizo; Illenberg parecía muy feliz.

***

Alina estaba sentada detrás de la barra de su puesto de comida, pensando en Driessen. Le había hecho ilusión que hablara ruso, un ruso muy particular, macarrónico, plagado de errores divertidos. En aquel ruso que difícilmente podía tomarse en serio la había invitado a acompañarlo al centro de la ciudad, y así había empezado todo... mejor dicho: todo había empezado con que Berenkov y ella, en Rusia, habían soñado con una vida en Berlín y, en lugar de eso, ahora vivían en un bosque que se parecía más a Rusia que cualquier cosa rusa de la que aún guardasen recuerdo, lobos incluidos. Todo había empezado con que su marido, desde que había nacido el niño, la llamaba «mamá» y con que ella, cuando lo esperaba los fines de semana y se asomaba por la ventana a contemplar los manzanos sin hojas donde anidaban los cuervos, echaba de menos a sus amigas y tenía ganas de salir, pero no podía, porque no tenían dinero para pagar a una canguro; y Driessen la llevaba al centro y la trataba como a una mujer libre de problemas, y cuando Alina volvía a casa estaba allí su marido, al que a pesar de todo quería mucho, solo que de una forma más triste, y se sentaban en el sofá a ver la tele y ambos, cada cual a su manera, añoraban su tierra y añoraban lo que habían imaginado que sería Alemania.

***

Driessen esperaba sentado en un banco de terciopelo rojo a la entrada del Borchardt, bajo el gran toldo del restaurante. Iba sin afeitar y no se sabía si venía de jugar al tenis o estaba a punto de perder el control de su vida. Llevaba una camiseta y una americana de la que saltaba a la vista que, en su momento, le había costado un dineral.

—Siéntate —dijo—, ya te estaba esperando.

—¿Has sabido algo del alcalde? —dijo Turek.

—Nada. Están cagados. Yo ya no quiero tener nada que ver con ellos. Dejo todo esto para concentrarme en lo de Qattara.

—¿Y qué hay de Fair Coltan?

—Eso está atado. Tú ahora te vas para allá a prepararlo todo, yo acudo dentro de cuatro semanas, firmamos el contrato definitivo y damos una conferencia de prensa en Goma. En efecto, la zona de explotación de las minas está cerca del territorio protegido de los gorilas, pero haré lo del gorila justo como me dijiste. Los gorilas gustan mucho, y nosotros vamos a hacer algo por la gente del lugar y por los gorilas. El gorila será el símbolo de Fair Coltan. Y yo apadrino uno. Una vez que lleguéis, tú me vas eligiendo el mono.

A Driessen le entusiasmaba la idea de que, en algún lugar de la selva, en la frontera entre Ruanda, Uganda y el Congo, fuese a haber un gorila bautizado con su nombre, un imponente y regio macho de espalda plateada llamado Alexander con el que podría hacerse fotos. Cuánta gente tenía animales... perros o caballos de carreras; un gorila, desde luego, no lo tenía nadie.

Dos días después iban Sara y Turek en un avión de AirKenya rumbo a Nairobi.

GORILA

Cayó la noche, pero no el calor. En la Avenue de la Révolution se encendieron las farolas y los tubos de neón de los restaurantes, y la ciudad siguió bullendo bajo una nube de humo de los tubos de escape de las motos, con luces de freno como llamaradas y toda suerte de olores de las cocinas al aire libre. Un camión que pasó penduleando a gran velocidad y tuvo que frenar en seco envolvió en una polvareda a las gallinas que correteaban por la calle. El termómetro apenas había bajado de los treinta grados. Turek, sentado en una silla de plástico verde a la puerta de un local detrás del mercado, se secaba con las mangas de la camisa la mezcla de sudor y polvillo rojo que le corría por la frente. Hizo una seña al camarero y pidió una cerveza. Sara estaba a unos metros de distancia, fumando y mandándose mensajes con Driessen. La luz azul de la pantalla le iluminaba la cara: parecía un holograma fumador. Turek la observaba como quien observa un experimento científico consistente en encender un pitillo sin dejar de escribir en el móvil ni un instante y además llevarse a la boca una lata de Coca-Cola con la mano del cigarrillo entre dos dedos.

Tirada en la calle había una radio vieja con la carcasa de plástico reventada y las entrañas fuera; un cuervo se puso a tirar de un cable hasta que lo arrancó y se puso a brincar con sus patitas tiesas alrededor del maltrecho objeto.

En el puesto de frontera entre Ruanda y el Congo se apelotonaban los vehículos, sus luces de freno se veían como ascuas en un crepúsculo cada vez más cercano a la noche. Un cartel descolorido anunciaba zumo Agashya. Sentados en los escalones pintados de verde del edificio de Correos, herencia de los belgas en estilo *art déco*, había algunos hombres fumando. Otro cartel publicitaba un producto para la limpieza en seco. Turek parpadeó para acostumbrar los ojos a la penumbra polvorienta impregnada por el olor a madera quemada y a carne quemada y embebida de la bruma azul de los coches con motor de dos tiempos y del tufo de las chimeneas. Si las ideas de Driessen salían adelante, también aquello habría de ofrecer un aspecto muy distinto algún día, transformado en una silenciosa y refulgente *smart city* con vehículos eléctricos y edificios de baja energía y una granja de servidores bajo las aguas del lago, enfriada mediante el agua del mar. Con todo, allí al menos se movía a pie la mitad de la población, incluso en trayectos de varias millas, y ahí tenían uno de los principales problemas de los países industrializados —decía Turek—: la gente ya no iba a pie, no quería andar ni el último kilómetro, sino ir subida a un patinete eléctrico con los pies quietos, como los romanos en sus cuadrigas, con el manillar a modo de fusta... ¡Vaya estampa más ridícula, la de esos nuevos romanos sobre carros sin caballos! —decía Turek—. Y así aquellos aurigas del patinete estarían cada vez más gordos y tendrían que usarlo para transportarse hasta el gimnasio y ponerse a correr sobre una cinta con el fin de ganarles la carrera a las lorzas.

Esa tarde habían cruzado la frontera en un convoy para ir a Goma, recorriendo el Boulevard Kanyamuhanga, que desembocaba en una gran glorieta, como las habituales en Francia, y luego el Boulevard Karisimbi hasta la puerta del hospital de la Charité. Allí se suponía que los recibiría un tal señor Wong, encargado de seleccionar las minas que formarían parte de Fair Coltan, pero Wong se había excusado, pues al parecer había tenido un problema con el coche o con la carretera o con las milicias que controlaban las vías de comunicación, la cosa no estaba clara; el cualquier caso, la reunión con él no se podría celebrar hasta pasados unos días, con lo cual se habían vuelto a Gisenyi, donde estaban alojados, y allí se ocuparían de organizar el apadrinamiento del gorila de Driessen (en realidad, ese era el único motivo de que estuviera allí Sara, cuya tarea consistía en elegir el mono del jefe).

Tomaron un taxi y regresaron a su hotel. Gisenyi era bonito... al menos, la zona de la playa. La Avenue de la Cooperation se prolongaba en la Avenue de la Production y recorría en suaves curvas la orilla norte del lago Kivu, lánguidamente calmado al calor de la tarde, si acaso con alguna olita que se deshilachaba en la orilla. Las ventanas de los hoteles lucían una iluminación festiva y el azul de las piscinas centelleaba entre las palmeras; desde lejos, cuando se llegaba desde Kigaly y de pronto aparecía el lago, tan azul, Gisenyi parecía una Costa Azul sin turistas. En el centro de una rotonda habían levantado una especie de monumento en una fuente que representaba una lancha motora, conducida por una pareja con rasgos más bien europeos —igual eran maniquíes de escaparate—, pintados de marrón. El hombre llevaba el timón y la mujer, con gesto triunfal, sostenía en alto algo parecido a una escarapela, igual que los soldados alzan la espada o la corona de la victoria en los monumentos de guerra. Parecía que se lo estaban pasando bien con su lancha, celebrando algún éxito estupendo. Un rótulo revelaba que se trataba de la Cogebank de Ruanda. Pasó un camión del ejército.

De entre las líneas del dibujo de las llantas caían terrones de un tono rojo. Los soldados que iban en la trasera llevaban botas de goma verdes. Y las armas en posición de tiro.

Hacia las nueve de la noche apareció Turek en la terraza del hotel. Se había duchado, pero llevaba la misma ropa del viaje. Al poco llegó Sara, con un vestido indio largo y sandalias con tacón de corcho. Metió la mano en el bolso y sacó algo que esparció sobre la mesa delante de Turek.

—¿Y esto qué es?

—Arena. De Qattara. Para ti.

Cogió una frasca de agua que empezó a verter poco a poco sobre el montoncito de arena hasta que el reguero se la llevó toda hacia los bordes de la mesa. La terraza empezó a llenarse de gente.

Desde el hotel se veía la frontera. Las luces de Goma parpadeaban entre la bruma. El lago era uno de los más grandes del continente, más bien era un mar interior. Por delante de la silueta negra de la costa congolesa se dibujaba una torre gigantesca: era una planta de extracción de gas metano, de ahí que no fuera raro, ya desde el mediodía, cruzarse en el bar con algunos ingenieros rusos que trabajaban para Gazprom y pasaban sus días dándole a la botella para combatir el calor.

En la entrada de hotel paró un convoy compuesto por tres Land Rover blancos con cristales tintados; las matrículas revelaban que eran del Congo. De los asientos traseros de los vehículos salieron un grupito de hombres y mujeres: ellas con vestidos brillantes hasta los pies y peinadas con elegantes recogidos, ellos con traje oscuro y corbatas estrechas.

—No está nada mal... —dijo Turek señalando el lago—. El agua parecía hecha de lentejuelas. Detrás del hotel se veían las colinas del Congo y, medio escondidas entre las palmeras, las siluetas de los volcanes.

Un hombre se sentó a la mesa con ellos.

—*Deutsch*? —preguntó, levantando su copa para brindar a modo de saludo.

Tenía la cara muy colorada y daba la sensación de que la ley de la gravedad se manifestaba en ella con especial insistencia, pues todas y cada una de sus partes parecían pesar y colgar como fruta muy madura: la narizota, las comisuras de los labios hacia abajo, las orejas caídas, los párpados caídos... Lo único que no le colgaba era el pelo: un cepillo gris tan tieso y saliente como un tejadillo. Vestía una camisa negra con ribetes blancos.

Turek no dijo nada. Sara lo miró con un ojo solo, levantándolo un momento de la pantalla de su iPhone.

—Sí, somos alemanes. Usted también al parecer.

—De Essen —precisó el hombre—. ¿Estáis de vacaciones?

Turek lo miró sin dar crédito.

—Pueees... estamos trabajando aquí —dijo Sara con su sonrisa de anuncio de dentífrico, tan habitual entre los profesionales del mundillo del *business*. Al fondo de la terraza, se abrió de golpe una puerta por la que entró otro grupo armando mucho jaleo hasta acomodarse en una mesa larga.

—Aquí también hay gente que viene de vacaciones —contó el hombre—. Pasan desde Kenia. Esto es más seguro. Aquí te puedes ir a bañar con un Rolex y sin problema. Yo trabajo para una empresa norteamericana, tiene una cooperación con los de aquí. Bien bonito que es esto.

Llegó un camarero y les repartió las cartas.

Había una «parrillada Kivu», un surtido de carnes de cordero, pollo y ternera a 16 000 francos y un entrecot a 25 000, había vino de Sudáfrica y pollo *tikka* indio con arroz *pishori* de Peshawar, había *dumplings* chinos y caviar.

—Caviar —comentó Turek—, en Ruanda. Eso sí que no me lo esperaba.

—¿Tienen algo típico de la región? —preguntó Sara, y el camarero estuvo un rato pasando hojas de la carta para un lado y para el otro hasta que le señaló los platos de pescado.

Pidieron tilapia y *sambaza*, una fritura de pescaditos del lago.

Las buganvillas se mecían suavemente con la brisa.

—Caviar... —repitió Turek.

Cierto era que aquella carta parecía más propia de un restaurante de Juan-les-Pins que de uno en la frontera entre Ruanda y el Congo. Se encendieron las luces de la pista de baile. Al fondo de la terraza, una orquestilla empezó a tocar una versión apenas reconocible de *Aisha, hit* de 1996 del argelino Cheb Khaled. Dos mujeres pálidas vestidas de blanco y con sandalias de corcho se lanzaron a bailar; estaba claro que les gustaba la canción. Una llevaba una camiseta con el mensaje de *Save the Gorillas*. Esas trabajaban —según les explicó el compatriota ingeniero— para no-sé-qué ONG que defendía a los monos de las montañas. Un poco más allá también salieron a bailar los de los Land Rover, las mujeres de los vestidos largos y los hombres de las corbatas estrechas.

—Esos vienen de Goma. Hacen negocios sucios. Casiterita, coltán, minerales. El caviar lo traen los rusos.

La carta del restaurante no podría reflejar mejor el nuevo orden mundial: *dumplings* para los chinos, dedicados al comercio con materias primas y a la construcción de carreteras que coincidían allí con los comerciantes del Congo y extraían de aquellas montañas el coltán necesario para hacer teléfonos móviles, ordenadores portátiles y coches eléctricos; caviar para los ingenieros rusos del sector del gas que trabajaban en un nuevo proyecto de gasoductos; pescado de comercio justo para los colaboradores de la ONG que se afanaban por salvar a los gorilas, allá en su hábitat de las montañas, de toda aquella gente con la que compartían el local.

Las distintas facciones, enemigas entre ellas, se distribuían en torno a la piscina como en un tablero: a la izquierda, una mesa de estadounidenses, reconocibles entre el resto de la clientela porque llevaban el polo por dentro de los pantalones para así lucir el cinturón; en el centro estaba la mesa de las mujeres de la ONG; al fondo del todo, tres chinos muy calladitos con pantalón negro de traje y camisa blanca. Más delante aún había una mesa de polacos, a la que se sentaban cuatro ingenieros de Cracovia que trabajaban para la cervecera Bralirwa, y dos biólogos que investigaban el curso del río Kalundura. La empresa en la que estaba empleado el ingeniero alemán se llamaba Contour Global. Extraían gas del lago mediante un sistema de bombeo. Ese lago —según les explicó el ingeniero— no era un lago normal, empezando por que la temperatura del agua era más alta a medida que se descendía. Eso se debía a que en el fondo había fuentes volcánicas, a medio kilómetro de profundidad. Allí abajo se encontraba uno de los mayores yacimientos de gas metano del mundo, 65 mil millones de metros cúbicos, y allí habían construido una central eléctrica de 200 millones de dólares con unos generadores inmensos que bombeaban aquella agua con altísimo contenido en gas desde trescientos cincuenta metros de profundidad hasta la superficie.

—Luego separamos el gas del agua —prosiguió el alemán y, encantado con la atención que le prestaba Sara, tomó aire como para soltar una larga explicación técnica—. Lo que pasa es que es *sour gas*, es decir: gas ácido, que todavía contiene dióxido de carbono y sulfuro de hidrógeno, y es tóxico. Así que aún tiene que pasar por unas instalaciones de depuración que son esas torres tan altas que veis allí, y en ellas se eliminan todos esos otros gases hasta obtener el metano casi puro, que entonces se comprime y luego ya se transporta por el gasoducto.

Como consecuencia de la agricultura, la concentración de gas metano del lago había aumentado de manera muy preocupante a partir de los años setenta. Extraerlo mediante aquel sistema de bombeo también se consideraba buena idea porque, de otro modo, el lago podía acabar explotando, como ya había sucedido en Camerún con el lago Nyos, donde, en 1986, una gran nube de dióxido de carbono, sulfuro de hidrógeno y metano ascendió hasta la superficie y provocó la muerte a casi mil ochocientas personas. En el fondo del lago de Kivu había una concentración de metano trescientas veces mayor, y teóricamente también podía subir hasta la superficie de manera descontrolada, por ejemplo por una pequeña erupción volcánica en sus profundidades, catástrofe que costaría la vida a dos millones de personas. La tarea del ingeniero consistía en diseñar una planta de conversión del metano en electricidad nueva y notablemente mayor; era un experto en la materia y ya había publicado un trabajo sobre el metano como potencial riesgo para el medioambiente cuando todavía no se había descubierto siquiera que el metano era un problema.

—Gases que se escapan cuando no deben —repitió el ingeniero—, cosas que pueden pasar en cualquier momento.

De nuevo apareció el camarero a servir el pescado. Turek había hecho una foto del lago negro y en calma y se la había mandado por WhatsApp a Aura, quien, para variar, no le había contestado.

La luz de la plataforma de la central de metano parpadeaba en la oscuridad. Allí se producía electricidad para abastecer a la ciudad entera, así como a la cervecera polaca, y además se reducía el riesgo de que todo el lugar volara por los aires; algo es algo.

Por detrás de la ciudad, un vago contorno entre la bruma, se veía el monte Nyiragongo. Allí en las colinas de las alturas vivían los gorilas. Más abajo, estaba el coltán que se llevaban los chinos en pesados camiones. El pasado de la humanidad moraba allá arriba, el futuro yacía escondido en sus profundidades, como si las colinas fueran sus guardianes.

A Turek le apeteció fumarse un pitillo y se escabulló al *parking* del hotel. Aquel lugar le ponía nervioso. Fumaba más de lo habitual, el polvo y el calor lo ponían malo, tosía y estaba pálido. Ante sus ojos centelleaba un lago que podía explotar en cualquier momento. A su espalda, apenas visible entre la neblina de los gases y las luces, un monte que en realidad era un estratovolcán con un lago de lava humeante, un lago de lava que ofrecía el mismo aspecto que las imágenes de la actividad de un cerebro: negro y surcado de arterias al rojo vivo. En alguna parte, en la oscuridad, estaban las minas por cuyo control se mataban distintas milicias; en alguna parte estaban los gorilas, en alguna parte se estaba agrietando la corteza terrestre y lanzando terrones de lava por los aires. Sara quería ver aquel lago de lava a toda costa, lo había buscado en Google y le había mostrado a Turek las imágenes en la pantalla del móvil, plantándoselo en la cara y diciendo que era «tremendo», expresión que, viniendo de ella, podía significar «espantoso» o también «magnífico», pues «tremendo» no implicaba valoración alguna, sino que era un indicador de intensidad en un sentido neutro: los accidentes aéreos eran tremendos, las gafas de sol de Gucci eran tremendas, Trump era tremendo y los lagos de lava al rojo, lo mismo.

Turek regresó a la mesa.

Ahora estaba allí Sara sentada con una mujer que llevaba botas militares y un traje de pantalón verde seco, con las mangas de la chaqueta subidas hasta los bíceps, el pelo recogido en un voluminoso moño muy alto que recordaba a una elegante seta. Tendría unos cuarenta años. Se llamaba Marianna, trabajaba para el Gorilla Research Center y era quien, al día siguiente, habría de llevarlos a las montañas.

Se les sumó un joven, veintitantos años, menos de treinta. Tenía granos y por las distintas aberturas de la camiseta le salían el cuello y los brazos un poco como a una marioneta. Se llamaba Jesper y era danés. Antes de unirse a la ONG de Marianna había trabajado para la Zoologische Gesellschaft de Frankfurt. Su misión allí consistía en recoger a los colaboradores de la ONG del aeropuerto de Goma y llevarlos en coche hasta la selva, donde la organización estaba en tratos con un grupo de rebeldes para que se marchasen del Parque Nacional de Maiko. Los rebeldes no querían irse de allí, desconfiaban y recibían a los alemanes a balazos, y a cambio de abandonar la selva les pedían mucho dinero y botas y tractores.

El ingeniero, que había oído retazos de la conversación, se inclinó hacia Turek y le señaló un grupo de hombres de la pista de baile.

—Todos esos son señores de la guerra del Congo —susurró—. Rebeldes. M23. Y vienen aquí a bailar. Hasta aquí se vienen. Y eso que son hutus.

—Esos qué van a ser del M23 —replicó Marianna—. Y en el M23 también hay tutsis.

El alemán arqueó las cejas sin decir nada, tomó un poco de aire con cara de entendido e hizo un gesto vago con las manos, como queriendo indicar que, sintiéndolo mucho y por motivos de seguridad, no era él quién para airear el invisible misterio de la presencia de un grupúsculo hutu de los rebeldes del M23. Turek se había hundido en su asiento y se entretenía en sacar con la uña unos granitos de arena atrapados en el hueco de enchufar el cargador del móvil. Desde aquellos días con Aura en Galicia, la funda negra del teléfono se había quedado pringada de crema solar, como con unas estrías que parecían bancos de niebla, y siempre caía arena de alguno de los agujeros del aparato. Arena del Atlántico en Ruanda. Arena de Qattara.

Ahora se habían metido en la piscina dos chinos, un hombre y una mujer que, con el agua por la cintura, se pasaban una lata de cerveza sin moverse del sitio. Aumentó el volumen de la música, la gente que había salido a la pista casi invadía la zona de las mesas. Sara se puso a bailar con dos americanos y luego con tres rusos; había bebido más de la cuenta e iba haciendo eses, aunque tampoco entonces soltaba el móvil, seguía con él bien agarrado mientras se mecía al ritmo de la música, miraba la pantalla una y otra vez y se hacía selfis. Uno de los rusos con los que había bailado Sara se acercó a la mesa de Turek a sacarlo también a él:

—*Hey, you! Yes, you, come on!* —le dijo a viva voz, a lo que Turek le respondió con un adusto «*No, please, later*».

Pero el ruso era inasequible al desaliento, dio una vuelta completa sobre sí mismo, logró agarrar a Turek de las mangas y tiró de él, que se resistió una vez más a levantarse de la silla y así acabó cayéndose al suelo con un sonoro golpe.

—*Come* —dijo el ruso en un tono de amable disculpa, ayudándolo a ponerse en pie—. *Now dance.*

Los primeros que habían salido a bailar ya empezaban a marcharse, un subgrupo del grupo de los Land Rover volvió a montarse en ellos para seguir la juerga en uno de los clubs nocturnos de la Avenue de la Cooperation. Alguien de la pista se cayó al suelo. Turek bailó una canción con el ruso y otra con Sara y después otra con el ruso, y luego por fin consiguió darle esquinazo. Huyó hacia el exterior, hacia la piscina, y le escribió un mensaje a Aura.

La camarera de la coctelería del hotel servía Soho Slings con ginebra Virunga traída de Bélgica. Uno de los americanos le preguntó de dónde era y ella le respondió que «de aquí». Los rusos no paraban de beber y de bailar y estaban coloradísimos y arrollaron a un americano, al que pidieron perdón, y el americano, un tipo sin labios y con unos ojos azul hielo, se sacudió como un futbolista que retoma su posición después de una falta brutal y volvió a remeterse el polo salmón por la cintura de los pantalones. Los chinos no se movían de su rincón y observaban cómo bailaba el resto. El americano de la barra del bar seguía intentando pegar la hebra con la camarera.

Sara intentó una vez más que saliese a bailar Marianna, pero esta se escabulló dando una elegante vuelta y se despidió con un «*See ya tamarraw*», cuya pronunciación revelaba su lugar de origen. La vibración de los graves de los altavoces de la piscina alcanzaba hasta más allá del lago. La sombra del Nyiragongo se perfilaba ahora muy nítida sobre el alto cielo estrellado. El estrépito de una moto rompió el silencio, a lo lejos se oyó el grito de un animal, en alguna parte se liaron a gritos dos personas, un camión pasó tan rápido como un silbido.

Turek se despidió y subió a su habitación. Hacia las dos de la madrugada bajó la música y, por fin, cesó del todo. El americano salió por la puerta del hotel dando tumbos; hasta donde se le veía, le sangraba la nariz, tal vez por culpa de algún ruso, o tal vez se había chocado sin más contra alguna de las cristaleras. Desde el norte, desde los volcanes, llegaba una fresca brisa nocturna. Muy poco después traqueteó la puerta de Turek. Alguien tocaba y emitía una especie de quejido. Turek abrió una rendija. Era Sara.

—No puedo dormir —dijo, colándose en la habitación. No tenía puesto más que un zapato, el otro lo llevaba en la mano izquierda—. Me echo aquí un ratito, ¿vale? —y señaló la cama.

Al cabo de pocos segundos dormía como un tronco. Turek la contempló. Le había picado un mosquito en la pierna y se había rascado la picadura, se le veía la piel toda encarnada. Su mano derecha seguía sin soltar el móvil.

***

Marianna los recogió. Fueron en un Toyota todoterreno al que parecía que se le iba a salir una rueda cada vez que giraban hacia la derecha (en cualquier caso, así sonaba), un trayecto de tres horas en dirección nordeste hasta Ruhengeri, en las montañas, territorio fronterizo entre Ruanda, Uganda y el Congo. Además del calor, por las ventanillas entraba el olor a humo y a madera quemada y a gasolina. Los troncos de los eucaliptos estaban teñidos de rojo hasta media altura, pues junto con el agua absorbían el color del suelo. Como hacían falta leña y terrenos para pastos y cultivos, los ruandeses habían talado casi todos sus bosques, y desde hacía cierto tiempo estaban reforestando con árboles de crecimiento rápido, como el eucalipto. Algunas zonas prácticamente eran un puro bosque de eucaliptos... a un koala le podía dar un infarto del entusiasmo, pero, claro, allí koalas no había, y a las especies autóctonas no le servían para nada sus hojas. Las montañas se veían verdes y mullidas, onduladas como cuando se pasa un rastrillo por la arena. Turek iba en el asiento trasero, Sara delante, entre Marianna y Jesper.

Había comprado una botella de yogur de beber en Gisenyi y la fue pasando entre todos. Turek se la acercó a la boca, pero no pudo evitar una mueca de asco ante el olor a fermento de la botella de plástico blanco recalentado. Marianna conducía con una sola mano, sorteando cuanto pudiera venir de la dirección contraria, tocando la bocina y sin decir palabra, plenamente concentrada en los sonidos con los que iba encontrándose: motos, camiones, terraplenes. El brazo izquierdo lo sacaba por la ventanilla, y llevaba la gorra típica de los guerrilleros, como Fidel Castro, etc. Jesper les contó muy emocionado que era el único hombre en todo el centro de investigación.

Llegaron a los volcanes pasado el mediodía; la franja negra que formaba la carretera transcurría ahora a través de los campos de tierra roja de una meseta. Turek miraba por la ventanilla, Sara a la pantalla de su móvil.

Allí refrescaba mucho cuando se ponía el sol, y Marianna encendió el fuego cuando los recibió en su casa esa tarde. Sobre la chimenea tenía colgadas fotos de familias de gorilas, árboles genealógicos de los gorilas de espalda negra y de espalda plateada, y encima de la repisa había una foto de ella con dos gorilas, decorada como una foto de familia. Tomaron pollo con arroz en platos de barro de color oscuro que Marianna se había traído del África Occidental. Dos lámparas de aceite y unas velas iluminaban la estancia. Jesper preparó té.

—¿Cuánto tiempo lleva aquí ya? —preguntó Turek muy educado, mientras rociaba de salsa su muslo de pollo.

—Seis años —dijo Marianna—. Primero estuve en Uganda, luego vine aquí.

Les habló de sus investigaciones. Justo hacía poco que, en Uganda, al otro lado de la frontera, donde vivía la otra mitad de la familia de los gorilas de montaña, había sucedido una cosa a la que no terminaban de encontrarle explicación: un día que se formó una gran tormenta sobre Bwindi, un gran gorila de espalda plateada se había subido a un árbol muy alto, la tormenta se fue acercando y el resto del grupo buscó cobijo debajo de la densa capa de hojas. El gorila construyó su nido junto a aquel árbol. No se sabía qué ocurrió exactamente, si es que cayó un rayo en el árbol y así atravesó también al gorila subido en él, dándose golpes en el pecho cual héroe de la Antigüedad que reta a los dioses, o si el rayo le cayó al gorila estando en el suelo; sea como fuere, el rayo lo alcanzó, y a la mañana siguiente lo encontraron muerto en el suelo.

Según todo lo que se conocía sobre los gorilas hasta entonces, al morir este líder, el resto del grupo debería haber seguido al macho más fuerte. Sin embargo, no lo hicieron. Se separaron en dos grupos más pequeños. Diez gorilas, entre ellos tres hembras adultas, sí se fueron con el espalda plateada más fuerte, pero los demás, entre los cuales había cuatro hembras adultas y una joven, siguieron al más débil.

—¿Y cuál fue el motivo de unirse al más débil? —preguntó Sara.

—Eso mismo es lo que no se entiende —dijo Marianna.

Según el modelo del macho alfa, desde luego, no se explicaba en absoluto. Una hipótesis que parecía tener bastante sentido —dijo Jesper— era que aquel gorila más débil pertenecía a una familia de lo que se conoce como *groomers*, un grupo que acostumbra más que otros a acariciarse mutuamente la espalda, lo cual no solo es un acto propio del aseo, sino también una muestra de afecto. Tal vez una parte de las hembras había optado por renunciar a la fuerza a cambio de más sesiones de mimos; tal vez habían cambiado las prioridades a favor del trato amable, ahora que, en los parques naturales, los gorilas estaban protegidos por *rangers* y, salvo que tuvieran la mala suerte de vivir encima de algún yacimiento de materias primas muy solicitadas, como era el caso de la Provincia Oriental del Congo, ya no tenían enemigos naturales; esa era al menos la explicación que le daba Jesper.

—¡Qué monos! —exclamó Sara.

Marianna frunció ligeramente el ceño, era muy obvio que a ella no le convencía nada aquella teoría.

¿El gorila más débil era necesariamente más atento? A fin de cuentas, con un cien por cien de seguridad no se podía probar nada. Allá arriba estaba cambiando mucho todo. Habían acostumbrado a los gorilas a la presencia humana para poder observarlos mejor y también protegerlos mejor. Y había funcionado, ya no salían corriendo cuando veían a un humano, hasta era posible anestesiarlos y que los trataran los veterinarios de gorilas. Ya no veían a los humanos como intrusos en su territorio, sino como parte integrante de la selva. Mientras que, en los años ochenta, habían estado al borde de la extinción, ahora volvía a contarse una población de más de mil gorilas de montaña; por otra parte, aquel intento de salvarlos de la extinción también los había cambiado: ya no eran salvajes, pero tampoco podían considerarse domesticados, sino algo intermedio, más bien salvajes todavía, eso sí, pero la cuestión era cuánto tiempo seguirían siéndolo.

Ahora que no temían a los humanos, los gorilas ya se aventuraban a salir de la selva y corretear por los campos y los pueblos; paradójicamente, el intento de mantener su mundo a salvo de los seres humanos había resultado ser la vía más directa para hacerlo cambiar, del mismo modo en que, en otro tiempo, el uro había cambiado para aproximarse a la vaca lechera y el lobo al perro.

Marianna formaba parte de aquella transformación, y lo detestaba. Ella quería proteger a los gorilas tal y como eran, sin que perdieran el elemento salvaje, pero los animales ya no eran como antes. Los humanos habían sembrado el caos en aquel lugar, habían invertido muchísimo en recursos para establecer unos límites que mantuvieran a los gorilas alejados de todo aquello que no perteneciera a su entorno salvaje, una especie de tierra de nadie que recordaba un poco a la franja verde de tránsito prohibido de la frontera interalemana de antaño (solo que sin torres de vigilancia con soldados pegando tiros), pero, claro, una vez que los gorilas habían perdido el miedo a los humanos, el territorio fronterizo les era del todo indiferente, ya no querían ser todo lo salvajes que, según los humanos, les correspondía.

—¿Y qué alternativa hay?

—Que desaparezcan de aquí los humanos —dijo Marianna—. Así de fácil.

Cuando salieron de la casa, era tarde. Había dejado de llover. Estaban a finales de mayo, había pasado ya la primera estación de lluvias, y la estación seca que empezaba duraría hasta septiembre.

Esta mujer está aquí completamente sola, pensó Turek mientras recorría el largo camino de vuelta a los bungalows donde estaban alojados Sara y él. Imagínate. Seis años sin ver más que monos el día entero. Ni un amigo. A lo sumo, el ayudante de turno, que viene y va. Se tiene que hacer rarísimo.

Otra vez llovía. Se fueron a la cama temprano. Durante la noche dejó de llover y aparecieron las cimas de los volcanes del Virunga como siluetas grises a la luz de la luna. Había más estrellas que en ningún otro lugar del mundo. Hacía frío. Al amanecer había muchísima humedad y la niebla envolvía los prados de las montañas y las copas de los eucaliptos. Cuando salió de su cabaña Sara, Turek ya estaba al pie del Sabinyo. En su cima vivían los gorilas. A esa cima quería ir él. Mejor dicho: Driessen quería que fuera, él ya no tenía muy claro si también era deseo suyo o no. A pesar del frío, estaba sudando. El sombrero de explorador le apretaba, las botas de montaña eran nuevas y también se había apretado los cordones demasiado.

Los rastreadores ya estaban allí, junto a sus *jeeps*, toqueteando sus *kalashnikovs* para entretenerse en tanto que se ponían en marcha. Delante de un mapa de los volcanes Virunga, François, el jefe, estuvo explicándoles las normas de comportamiento y respondiendo preguntas.

—¿Qué pasa... —preguntó Turek con la voz más firme que consiguió sacar— si me ataca un gorila?

—Eso no lo hacen los gorilas prácticamente nunca. ¿Qué haría si se le acercase uno?

—No salir corriendo.

—Muy bien.

—¿Y conviene hacer ruido?

—No. Alguien que vino antes que ustedes dijo una vez que, cuando se acerca un gorila, hay que levantar los brazos y hacer ruido para espantarlo. Pésima idea. Eso igual funciona con las hienas de la sabana, pero con los gorilas no.

—Y, entonces, ¿qué hacemos?

—Si se le acerca un gorila, se sienta usted en el suelo por las buenas, lo más lejos que pueda, y hace como si estuviera comiendo una hoja. Eso los tranquiliza. Una criatura sentada en la hierba merendando, obviamente, los pone mucho menos nerviosos que una que se interpone en su camino. Nuestro rastreador se llama John e irá unos metros por delante. Lleva una AK47 a la espalda, por si acaso.

—¿Por si acaso, qué?

—Por si encontramos búfalos. Los búfalos sí que son peligrosos. Si los notamos agresivos, hacemos disparos de advertencia.

—Pero para eso bastaría con una pistola de fogueo.

—Ya, pero como ya teníamos los *kalashnikovs* de antes...

A continuación se hizo el silencio. Los rastreadores iban abriendo un elegante sendero a través del bosque bajo aquella selva siempre húmeda y cubierta de nubosidad; machete en mano, movían el brazo con los gestos ampulosos de un director de orquesta marcando un adagio. En un claro, dieron con el campamento que los gorilas acababan de abandonar. Ya no debían de estar muy lejos. Quizá a unos diez metros. Antes de atisbar a los animales, antes de atisbar el brillo de su suave pelaje al sol, antes incluso de percibir el olor de los gorilas entre los arbustos, los oyeron. Es decir: lo que oyeron fue una especie de chisporroteo muy particular, como al abrir una bolsa de patatas fritas y zampártela entera. *Crajcrajcraj...*

Marianna hizo un ruido que claramente tenía por objeto advertir a los gorilas de su presencia, y ella misma adoptó una postura similar a la de los monos, se podría decir que se transformó en gorila, con los brazos en jarras y los puños apoyados en los muslos, adelantando la mandíbula inferior para facilitarle emitir aquellos sonidos propios del lenguaje gorila.

Y allí estaban sentados los gorilas, en una zona despejada de la colina, mirando a lo lejos (o esa era la impresión que daban), entregados a comer apio silvestre entre gruñiditos de gusto. Eran preciosos. Tenían el pelo largo, negro y sedoso; de lejos, cuando iban a cuatro patas, casi se podían confundir con algún extraño tipo de terranova. No se veían en absoluto como bestias ni parecidos a King Kong, sino pacíficos y filosóficos. Casi sostenían las ramitas de apio como habanos.

Un ejemplar joven se estuvo columpiando de una rama ridículamente delgada hasta que se le quebró, y entonces trepó hasta lo alto de la colina para luego tirarse como por un tobogán de hojas mullidas, rodando con estrépito, y a Turek le habría encantado hacer lo mismo de no haber temido por sus huesos y por la posible reacción del gorila. Había que tener mucho cuidado de no escurrirse, lo cual no era nada fácil por aquellas laderas tan escarpadas y resbaladizas. Eso asustaba a los gorilas. Es algo inesperado, violento, justo lo que no les hace ninguna gracia. Para no disgustarlos, pues, los rastreadores también emitían unos gruñidos muy raros... Los humanos creían que así sonaba lo que hacían los gorilas cuando estaban de buen humor, aunque también podía ser que los gorilas simplemente aceptaran de buen grado que los humanos, cuando se acercan, siempre hacen los mismos ruidos raros, como los de un camión que pita para indicar que va marcha atrás.

No parecían fieras peligrosas, carentes de inteligencia y cuyo comportamiento obedecía a meros instintos. No parecían *nuestros ancestros animales*. Parecían integrantes de una civilización avanzada, pacífica.

Uno pequeño pasó como una pelotilla entre los matorrales; el gran gorila de espalda plateada dormitaba entre el ramaje como una cordillera en miniatura. Marianna señaló con el dedo otro grupo de gorilas tumbados en pelotón, un revoltijo de brazos, patas y barrigas peludas ahítas de verde. Sara hizo fotos de distintos gorilas y se las mandó a Driessen. Driessen contestó que le gustaba el grandote y que si podía apadrinar a ese. Sara preguntó a Marianna, y Marianna dijo que el grandote justo acababa de apartarse del grupo y que ese gorila era un caso difícil, pero, bueno, eso a Driessen no había por qué contárselo. Sara borró la foto.

No en todas partes eran así de buenas las perspectivas para los gorilas. En la Provincia Oriental del Congo, de donde se sacaba el coltán para todo el aparataje electrónico, la población de

gorilas de espalda plateada había descendido drásticamente, de diecisiete mil animales no quedaban más que tres mil ochocientos. En Uganda iba la cosa algo mejor: a principios de los sesenta había allí cuatrocientos cincuenta gorilas que se habían quedado en doscientos cincuenta a principios de los ochenta, aunque entretanto habían subido mucho las cifras y quizá no tardarían en alcanzar las de 1902, cuando el explorador alemán Friedrich Robert von Beringe los «descubrió», como se decía siempre, a pesar de que es un completo disparate, pues, en primer lugar, emprenderla a tiros con algo a modo de saludo es una manera muy alemana de descubrirlo, y, segundo, es obvio que los nativos de la región del Virunga ya tenían a aquellos gorilas más que descubiertos. El que ahora volviese a haber allí mil gorilas traía consigo nuevos problemas; o había que realojar a los humanos del lugar para agrandar el territorio del parque nacional o trasladar a los gorilas a otros hábitats de vegetación similar —explicaban los científicos—, pero, claro, esos espacios alternativos ya contaban con su propia fauna, y la introducción de los gorilas podría causar en ella un notable trastorno.

Quizá fuera allí, en aquel bosque, en el Rift de África Oriental, en la cima de aquel volcán extinto, donde a Turek se le ocurrió aquella idea de la que luego no pararía de hablar, poco antes del accidente, aquella idea de una selva artificial de enormes dimensiones, tan grande como Central Park, que aprovecharía el calor sobrante de alguna de las mastodónticas granjas de servidores que Driessen pretendía construir por todo el mundo y donde podrían vivir los gorilas, donde, por así decirlo, podría surgir una nueva naturaleza, una nueva forma de convivencia de los humanos con otros primates... Eso fue lo que apuntó en una libreta que nunca llegó a contener más que la anotación: «nueva naturaleza».

Detrás de Marianna, treparon por la ladera hasta llegar a un camino de gravilla y un mirador. Había un grupo de turistas con caras largas dentro de un minibús. También había una familia: padre sudando, madre contemplando el bosque, donde la luz que entraba a través de las hojas formaba un interesante juego de arabescos, retoño (= niña de diez años) mirando el móvil. La madre no decía nada. El padre se indignó.

—¡Si es que se nos va a volver imbécil! Oye, tú, mira ahí: ahí es donde tienes que mirar. Trae acá ese móvil. ¡Hala!

—¡Ayyy! ¡Papáaa!

—¿Cómo que «¡ay!»? ¿Tienes el teléfono incrustado en la mano o qué? Prohibido el móvil hasta el martes.

—¡Pero papiii! ¡Hasta el martes nooo! —lloriqueó la niña—. Si yo solo quería hacer fotos...

El padre inspeccionó el móvil que acababa de quitarle.

—¿Y esta tontuna qué es? Quince caritas amarillas con ojos de corazón. ¡Pordiosss, qué memez! A borrarlo todo.

—¡Papá! ¡Nooo!

Se enredaron en un manoteo alrededor del móvil del que salió vencedor el padre.

—¡Listo! Borrado.

—Jo, papá, ¡era mi chat de clase!

La niña siguió quejándose y protestando. El padre, para no perder los nervios, hacía por ignorarla mirando a lo lejos. La madre, dando la batalla por perdida, miró al padre.

—A ver, Mark, yo creo que...

—Hemos venido de safari, y no me estoy gastando semejante dineral para que la criatura se dedique a mandar caritas con ojitos de corazoncitos. Se va a volver cada vez más imbécil, todo el día con los mensajitos. Tú, a mirar por la ventana. ¡Ahí, mira! Un mono.

—Pero no es un gorila...

—¡Y qué más dará! Es un mono estupendo. Mira, cariño, mira cómo trepa... ¡Pero qué maravilla!

De mala gana, la niña obedeció y, durante unos instantes, dedicó una devota mirada a la jungla, donde el mono se había sentado en lo alto de un árbol y no hacía nada; luego, se acercó con disimulo al bolso en cuyo interior había desaparecido su móvil.

A Sara se le quedó el suyo sin batería. Al extinguirse la luz azul que acostumbraba a iluminar su rostro, por un momento pareció menos jovial y más dulce. En el restaurante del mirador había preguntado a un empleado si podía ponerlo a cargar en algún sitio, pero allí solo había electricidad de cinco a seis. Sara lo miró sin poder creérselo y, para su gran alivio, encontró un *power bank* en su mochila gracias al cual sobreviviría aquella noche. La cena se preparó en una fogata al aire libre en la plaza del pueblo. El cielo se abrió y pudieron verse las estrellas. Marianna pasó a verlos y a traerles mantas de su casa. Turek se retiró a su bungalow y ella se quedó con Sara, las dos sentadas junto al fuego. Desde cierta distancia, desde la selva, llegaban sonidos como de ramas que se quebraban... como de que los gorilas estaban cerca.

Y estaban muy cerca. Sin hacer el menor ruido, recorrían las escaleras de hormigón que conducían a la zona de bungalows, como respetables inspectores que hubieran acudido a dar el visto bueno a una obra.

A la mañana siguiente, a las once, el sol casi estaba en su punto más alto y arrojaba sombras cortas. En el bosque se evaporaba la humedad de la noche. Llegaron Marianna y Sara. En dos coches, se dirigieron al lugar donde los rastreadores habían visto al otro grupo de gorilas a primera hora de la mañana.

Marianna aparcó, echó el freno de mano, saltó del coche y, como si no hubiera tiempo que perder, se abrió paso a través de la maleza, con Sara detrás, tropezando y sin resuello; Sara soltó un grito al caerle en el pelo una larva gorda. Turek renunció a seguirles el paso. Señaló unas lianas que, como los cables de una gran sala de motores, permitían llegar de un arbusto a otro, levantó palos y reptó entre los matorrales cual mecánico inspeccionando el funcionamiento de una máquina enorme, retirando hojas de helecho de las que cortaban con sus machetes los rastreadores, escuchó, se descolgó por una ladera, e hizo señas con la mano a un rastreador que esperaba arriba, al borde del camino, queriendo decirle que no iba a hacer ninguna tontería, y acto seguido desapareció en las profundidades del bosque.

Y allí se desorientó por completo. Volvió a trepar por la ladera para darse cuenta de que no era la misma por la que había bajado; intentó averiguar su ubicación con el móvil, pero no había cobertura, así que siguió a trompicones, ahora más nervioso, latiéndole las sienes y con el pelo de la nuca erizado, como si él mismo fuese un animal en peligro; aguzó el oído por si hubiera búfalos cerca... Los búfalos eran el único peligro real —les había contado Marianna—, en aquellos bosques vivían animales que uno no esperaba, en Bwindi incluso había elefantes, de una especie más pequeña que los de la sabana, claro, que se paseaban por aquellas escarpadas laderas para arriba y para abajo, y, a diferencia de los gorilas, indiferentes ante la presencia humana por cuanto se sabía hasta el momento, a ellos no les hacía la más mínima gracia. La luz llegaba en delgados rayos por entre las hojas. Se oían crujidos de ramas en el bosque bajo. Detrás de una ladera se abría un valle con otra ladera... era todo igual. Turek gritó. Vio una avioneta que, por supuesto, no lo vio a él, volvió a gritar, pero entonces le entró miedo de sus propios gritos, no fuese a ser que lo señalasen como presa fácil, y estaba cada vez más pálido, aunque también lo tranquilizaban el silencio y el reconfortante murmullo del bosque. A la deriva, recorrió la linde del *rift* Albertino, pasó como pudo por encima de gigantescos troncos, adentrándose cada vez más en la espesura de helechos y lianas y bromelias, orquídeas que le acariciaban la cara, raíces aéreas, enredaderas que le recordaban a las imágenes de las redes neuronales... Aquello era como el cerebro de la propia naturaleza, donde él, en su condición de cuerpo extraño, trataba de abrirse camino al tiempo que la estructura trataba de expulsarlo o de digerirlo.

Algo crujió. Algo se movió. Turek parpadeó intentando penetrar aquel verde impenetrable.

Unas cuantas ramas volaron hacia los lados. Se encontró de frente con un gorila de tamaño mediano. Llegaba a ver cómo tenía el pelo, un poco afieltrado, mullido... «Es como una alfombra de las de pelo —pensó Turek—, una alfombra de flokati, pero en negro». Turek vio los ojos castaños del animal, recordó que no hay que mirarlos a los ojos, miró hacia un lado. El mono lo observaba a él. Se le acercó a cuatro patas. Turek se acuclilló, intentando no mirarlo, oyó cómo el animal se aproximaba con pesados pasos... Con lo que pesa un gorila, unos ciento cincuenta kilos no se los quita nadie, como lo atacara, Turek no tenía nada que hacer. El gorila se quedó sentado delante de él. Resoplaba y respiraba pesadamente. Turek le vio los pies grises, que eran como manos. El animal alargó la mano hacia él, le tocó suavemente el brazo y luego se olió los dedos. Estaba claro que no solo el ser humano era capaz de reconocer al gorila como una forma previa de su especie, sino que a la inversa sucedía lo mismo: un gorila bien podía tomar al humano por una especie de mono penosamente pelón. El gorila vaciló, echó un vistazo a su alrededor y luego se marchó pasando muy cerca de Turek, sin volver a prestarle atención alguna, tan solo lo rozó con el hombro; por un momento, Turek pudo notar sus músculos bajo el pelaje negro y el calor de su cuerpo. El gorila siguió su camino montaña arriba; una última vez se dio la vuelta con una cara que, según le pareció a Turek, le expresaba sus condolencias o le advertía de un peligro. Incluso un buen rato después de haberse ido el gorila, Turek aún sentía la presión, la musculatura y la suavidad de aquel cuerpo que lo había rozado. Intentó levantarse, pero las piernas le temblaban demasiado. Se le puso todo negro. Un pájaro volaba en círculos por encima de él. Empezó a caer una lluvia fina.

Cuando lo encontraron los rastreadores de Marianna al cabo de unas horas, estaba ligeramente deshidratado y rio, haciéndose el valiente. Los días siguientes los pasó en la cama con fiebre.

***

A finales de semana fueron a Goma. Las carreteras de allí eran todavía peores que las de acceso a Gisenyi, asfaltadas por los chinos. El *jeep* hizo lo que pudo para adelantar a unos cuantos camiones chinos. Llevaban unos símbolos raros en el capó que pretendían parecerse al logo de Mercedes. El sol daba de pleno en el cristal. A Turek le entró sueño, se quedó traspuesto un momento y despertó frente a la fachada de cristal azul del Hotel Fatima, porque el conductor había parado a revisar la presión de las ruedas en una gasolinera de Beilin. Les adelantó una hilera de todoterrenos con adhesivos de la campaña del presidente Paul Kagame. Por la calle se veían vendedoras ambulantes de piña y pescado seco. Después adelantaron ellos a un Toyota con pegatinas publicitarias de un concesionario de Kolding: Kling Pedersen, muestra de que el vehículo había tenido una vida anterior en Dinamarca antes de llegar a África en barco.

En los muros de las casas rojas había rótulos blancos que anunciaban teléfonos Huawei y cerveza Primus. Sara se había dormido, con la cabeza apoyada en el hombro de Turek; sin mover el hombro, Turek intentaba mirar por la ventanilla para descifrar un eslogan: *Dusangire Ubuzima Bwiza*... parecía un sortilegio, allí todo sonaba a sortilegio.

Le ardían los ojos. Los cerró un instante y escuchó el ruido del motor. Lo que veía no se correspondía con lo que pasaba por su mente, el olor a plástico caliente y el rugido polvoriento del motor le evocaban imágenes mucho más poderosas que las que pasaban ante sus ojos: recordó los veranos de su infancia, los largos viajes en coche hasta la playa, el calor, los asientos de terciopelo naranja del coche de sus padres, que al segundo verano ya habían perdido el color, los padres sin parar de fumar en todo el trayecto, con lo que al final había una niebla tan densa en el interior del coche que sus ocupantes quedaban mucho más a salvo de las miradas que con los cristales tintados de negro que se inventarían más adelante. El olor a gasolina, el típico sonido de los acelerones, la mano sobre la palanca de cambios, de aquellas largas y delgadas que salían del volante como el cuello de un animal metálico con cabeza de baquelita negra y ganas de curiosear... Todo aquello que lo rodeaba le traía a la memoria aquellos viajes en un coche sin aire acondicionado de cuya guantera le sacaban, de cuando en cuando, una chocolatina más que reblandecida. Luego se acordó del gorila y volvió a sentir su contacto en el hombro.

Vibró el móvil. Turek limpió la capa de polvo rojo de la pantalla y sopló para desempolvar el agujero del cargador; aquel polvo se metía por cualquier rendija y por todas partes, también el pantalón de color caqui estaba impregnado de polvo rojo, hasta los calzoncillos; sentía el polvo rojo en la piel, en la boca. A un lado de la carretera vieron un todoterreno accidentado, volcado y con las ruedas girando en el aire. Se le habría metido una rueda en uno de los profundos surcos donde se deposita toda el agua que en la época de lluvias cae de la carretera hacia el valle, se notaba que el accidente acababa de pasar: mientras varias personas se afanaban en darle la vuelta al vehículo, el conductor hablaba por teléfono sentado en un prado, presionándose una herida con un paño.

Anocheció pronto. Pasaron por delante de unas plantaciones de té. Turek contemplaba el parpadeo de las luces sobrepuesto a su propio reflejo en el cristal de la ventanilla.

El conductor dio las luces largas.

Cuando llegaron a las minas era de noche. Cenaron con el señor Wong y con Wolf, un amigo de Marianna que aconsejó a Wong ir a un restaurante donde a modo de decoración tenían la carta del vagón restaurante de un tren de cuando aquella región era colonia británica: por aquel entonces ofrecían sopa de apio, pescado frito con tomate, pollo con patatas fritas y, de postre, helado de limón y fruta.

En esta ocasión tomaron tilapia con patatas fritas.

—¿Habían estado aquí alguna vez? —preguntó Wong, introduciendo una de sus sudorosas manos por debajo de la camisa—. Este es buen sitio para salir de fiesta. Luego podemos ir a alguno de los bares en los que también se reúnen todos esos tipos tan divertidos. Mirando a tu alrededor, enseguida te das cuenta de que más vale no tener mucho que ver con ellos. Sobre todo, con los pilotos de Antónov.

—¿Y esos qué hacen aquí?

—Llevan los aviones para la explotación de las minas... En fin, que aquí te encuentras con todo tipo de personajes. Goma es una ciudad clave, en conflicto permanente y regida por una economía de guerra. Es muy triste cómo se han desarrollado las cosas aquí. Antes de la guerra, la primera vez que vine, era una ciudad muy próspera en un lugar precioso junto al mar... pero eso fue antes de la erupción del volcán. Era una ciudad de lo más civilizada, casi como Niza. Los domingos, los congoleses ricos y los europeos ricos salían a pasear en sus yates y a comer, por las noches cogían el coche para continuar la fiesta en Bukavu. Una locura.

—¿Cuánto hace de eso? —preguntó Turek.

—Fue en 1991 —dijo Wolf—. Tengo más años de los que aparento.

***

Vieron las minas por la mañana. Llovía. Habría cien personas cavando agujeros en la tierra roja, al pie de una colina con escasa vegetación. La mitad eran niños.

—*Normal mine* —dijo Wong señalando a uno de los chicos—. *Hard work. Mother dead.*

—Aquí no tienen dinero para seguros médicos —les explicó el conductor—, y tampoco tienen dinero para las escuelas de Goma. Ganan apenas unos dólares al mes. A los niños, en cuanto cumplen los ocho años, no les queda otra que ayudar en las minas para sobrevivir. Comen una vez al día, a veces igual dos, pero otras igual ninguna. Los hombres a los que se les muere la mujer necesitan a los niños como trabajadores para sobrevivir. Unos cuantos se unirían a los rebeldes, que les prometían a los padres pagar la manutención y la formación de sus hijos a cambio, aunque la mayoría de las veces esa formación no pasaba de unos ejercicios de tiro.

—*Apple makes billions, nothing left for them here* —dijo Wong.

En el pueblo siguiente, la empresa de Wong había construido una escuela. Había treinta niños cantando una canción, todos con camisa blanca y chaquetas con la bandera china en la espalda. Un ingeniero le explicaba a un hombre cómo apuntalar una galería. Dos chinos pintaban de amarillo una construcción nueva, alargada, al borde de la mina.

—*Your mine fair mine* —dijo Wong—. *This: restaurant for workers.*

—*And this two people?* —preguntó Turek—. *Why Chinese workers?*

—*Not workers* —dijo Wong riendo—. *Prisioners. Either prison in China or work here.*

Turek lo miró fijamente.

En la cara de Wong no se movió ni un músculo.

—*Better here, I can tell you.*

***

Sara entró en una tienda y se compró unos pantalones iguales que los de Marianna; cuando salió con ellos parecía ella en versión más rubia, el modelo menos selvático de la misma persona.

La misión de Turek había terminado. El contrato con la empresa de Wong para un Fair Mining estaba atado. Sara aún se quedaría allí para elegirle el gorila a Driessen, y luego habría fotos que tendrían muy buena acogida: Driessen entre la espesa maleza del Virunga frente a un joven gorila de la montaña que llevaría su nombre, Driessen salvador del planeta, hazaña que se haría patente a través de la imagen de un gorila llamado Alexander que, con su ceño fruncido y su pelo plumoso, se le parecía tanto que hasta daba un poco de miedo.

***

Driessen opinaba que la gente tenía una idea de la *smart city* demasiado fría y despersonalizada. Quería robots que fueran reconocibles como robots y que, en verano, recorrieran las calles vendiendo helados y mostrasen a los niños el camino del cole a casa, sistemas de navegación con ojos y voces de robot. Y luego también quería androides con rostro humano y movimientos humanos en las recepciones de los hoteles y nuevos edificios de oficinas donde, cuando los necesitasen, los empleados acudirían por la mañana a fichar y a que les asignasen un puesto donde sentarse. Mandó a Turek a Japón para comprar los mejores robots humanoides que existiesen en el mercado... robots con pleno aspecto de personas, pero que serían más inteligentes, estarían conectados a internet y guardarían en la memoria absolutamente todo acerca de cualquiera. Sus ojos serían cámaras capaces de reconocer desde lejos a la persona que se les acercase; y así, lo que después le dirían al atenderla en sus mostradores, la breve charla o el cumplido de turno, estaría basado en todo aquello que, gracias al sistema de reconocimiento facial, habrían podido averiguar de ella en la red. Y no sudarían ni llevarían tatuajes en la muñeca ni llamarían a la novia a escondidas en horas de trabajo, y nunca se pondrían enfermos ni llegarían tarde ni perderían los papeles cuando un huésped se pusiera a gritarles, serían los empleados con los que todo empleador soñaba.

ROBOT

Llovía y no paraba nunca. Los primeros días había ido con un poncho para la lluvia comprado en Muji, y, cuando empezaron a ser cada vez más las calles inundadas e intransitables, entró en uno de los grandes almacenes antiguos de la avenida Chuo Dori a comprarse unas botas de goma, pero no tenían su talla, no pasaban de la 43. El vendedor le miró los pies consternado, aunque también con cierta guasa, y le ofreció un par de zapatillas de deporte americanas pasadas de moda que tenían en una estantería cogiendo polvo. Turek decidió envolverse los zapatos en bolsas de plástico, como las que exigen ahora en algunos museos. La ciudad desaparecía tras un delicado velo acuoso y gris. El agua de la bahía inundaba las calles de la antigua lonja del pescado, llegaba hasta el museo Miraikan y anegó por completo los jardines de Hamarikyu, y la línea de metro elevada, la Rinkai Line, no parecía conducir a la cima de la isla, sino directamente al mar. Al cuarto día, el sol asomó un rato, y a lo lejos pudo atisbarse el resplandor del Monte Fuji, aunque hacia el mediodía volvieron a dominarlo todo las nubes cargadas de lluvia.

Turek entró en una pequeña cocina al aire libre, poco más grande que un garaje. Un ruidoso calefactor eléctrico luchaba contra el frío húmedo, y en la televisión mostraban imágenes de las evacuaciones. Turek recordó una vez que se había quedado bloqueado por la nieve en el Tirol, días y días de nieve que no parecía cesar nunca; al principio limpiaron las calles con quitanieves, pero pronto les fue imposible circular, con lo cual se acumuló un manto de dos, tres metros de nieve que sepultó todo cuanto no conseguía abrirse camino con una pala; la gente se quedó sin poder salir de los pueblos, los tejados se venían abajo... Aquellas noches, Turek tuvo pesadillas en las que estaba enterrado en la nieve y lograba llegar a la superficie apartándola con las manos, pero luego no encontraba ningún edificio, ya no veía el valle, solo quedaba un mundo de hielo que recordaba al Ártico, sepultado bajo las masas de nieve, de un brillo que hacía daño a los ojos, sin árboles ni alimento, donde no tardaría en quedarse ciego y morir de inanición.

La camarera le trajo sake caliente. Fuera, la lluvia acumulada gorgoteaba en la boca de una alcantarilla desbordada y subía hasta la acera a modo de ola que cubría hasta el tobillo; un perrito blanco luchaba por avanzar contra corriente, perdió el contacto con el suelo y se lo habría llevado el agua de no ser porque su ama tiró del collar para levantarlo en vilo y llevarlo en brazos. En el cruce, los brillantes conos rojos de seguridad vial flotaban en círculos sin rumbo.

***

Una mañana de niebla, Turek emprendió el viaje a Osaka. En la oscuridad de la ventanilla del tren iba viendo el reflejo titilante de los rótulos, el mikado que forman los puentes de las autopistas entre los rascacielos, y, como atrapadas debajo, las casitas bajas de cuando la ciudad más grande del mundo aún no era más que un conjunto de pueblos, el resplandor cálido de los bares de sake y el frío de las plantas de oficinas, los intermitentes rojos de los rascacielos... después, paisajes vacíos, edificios grises, instalaciones aéreas de tuberías, camiones, más instalaciones aéreas de tuberías, un bosque, barracones blancos sin ventanas, tal vez naves de almacenaje o de servidores, un tarugo en el inconfundible tono rosa chicle de la cadena de hipermercados Lamu, con su correspondiente *parking* lleno de cochecitos igualmente cuadraditos y de colores pastel y clientes abarrotando sus maleteros de cajas hasta arriba de productos de consumo, todo ello un absurdo teatro del capitalismo tardío: cajas dentro de cajas de cajas...

Pescado frío, de color oscuro, en cajitas malva. Salsa de soja que impregna el arroz blanco. Algas secas, negras. Las ventanas de los trenes bala recordaban a las de un avión, la alfombra absorbía cualquier ruido. El *shinkansen* salió de un túnel, el zumbido se cortó de golpe, Turek tenía los oídos taponados. A toda velocidad pasaban campos y casas, el viento azotaba un laberinto de cables eléctricos tendidos por encima de una hilera de naves industriales alargadas. Unos caracteres de color naranja anunciaron la siguiente parada. Una bahía gris. Un rótulo de neón rojo de una pescadería. Nadie sabía la cantidad de radiación que habrían recibido los peces de aquellas aguas, la cantidad de Fukushima que habría absorbido todo, y ya tampoco hablaba de ello nadie.

En Kioto hizo transbordo a uno de los trenes plateados que llevan a los barrios de las afueras de la línea de Kintetsu y luego se apeó en Shin-Hosono. Era domingo. Un chófer lo llevó al Advanced Telecommunications Research Institute. A esas horas no se veía ni un alma, el edificio de la universidad parecía muerto en una calle de cuatro carriles. Entre los arbustos habían tejido sus telas unas arañas gigantes.

El ingeniero de robótica le abrió en persona. Los robots estaban en una sala contigua, esperando a entrar en escena.

—Siéntese —le dijo el ingeniero.

Una secretaria les trajo té. En el exterior, la niebla envolvía los campos; a través de los cristales se veían, como perdidas, un grupo de sillas de jardín con volutas que chocaban con la austeridad del vestíbulo acristalado del instituto de investigación.

—Es todo un honor para mí —dijo el ingeniero—. Le mostraré algunas cosas.

Condujo a Turek a la sala vecina. Turek se estremeció. Allí estaba el ingeniero... doble: un robot con su mismo rostro.

—Ahí aún era yo un poco más joven... —dijo este riendo—. Dile algo a Turek-San —le ordenó al robot.

—Hola, Turek, te noto un poco sorprendido —dijo la cara del robot.

No cabía duda: era la voz del ingeniero.

—¿A que no está mal? —dijo el ingeniero de verdad, aunque Turek ya no tenía claro qué era de verdad en aquel sitio—. Por el momento, todavía lo ayuda una asistente del instituto —y señaló una cabina de cristal y una cámara de vigilancia al fondo de la sala—, pero trabajamos junto con la sección de IA. Pronto será mejor de lo que podré ser yo nunca.

Turek asintió con la cabeza. Su mirada se posó en otro cuarto que había al lado, donde vio a una niña sentada entre árboles de cables. Era pequeña, tendría unos cuatro años.

—Uy —dijo el ingeniero—, eso no debería estar abierto. Pero no pasa nada, asómese. ¿Tiene hijos? ¿No? Los niños son maravillosos. Lo único es que se hacen mayores. Un horror.

Con lo adorables que son, así tan chiquitines... tan inocentes. Sus padres constituyen todo su mundo. Mientras son pequeños... Ojalá no crecieran nunca... Ven, cariño.

Turek palideció.

—Es mi hija. Mejor dicho, así era mi hija. En otra época. Ahora ya tiene veintidós años —dijo el ingeniero, poniendo una cara como si algo le hubiera producido un dolor innecesario y evitable—. ¿A que sí, bonita? Así de mayor eres ya. Sé buena y dile buenos días a Turek-San.

Turek palideció todavía más. La niña le clavó aquellos ojos castaños casi negros, luego giró la cabeza y le hizo una reverencia.

—Ya te puedes ir a jugar otra vez, cielo —dijo el ingeniero dándole unos toquecitos en la cabeza.

Luego se volvió hacia Turek.

—La tengo que esconder un poco. Mi hija también trabaja en este instituto y, claro, no le hace ninguna gracia encontrarse con su yo infantil... El tiempo —dijo—, el tiempo... Los ojos son ojos cámara de la primera generación, y ahí hemos mejorado mucho desde entonces. Si viera a mi pequeña, los ojos tan dulces que tiene, de buena persona, si viera cómo parpadea... En fin, dejémoslo. Vayamos a lo que nos concierne.

Ensimismado, cogió un objeto metálico ovalado que tenía encima de la mesa y se puso a darle vueltas entre las manos. Sobre una especie de alfombrilla gruesa de cuero estaban la reproducción de un pico y las dos patas de un ánade.

—Ah —dijo al advertir la cara que había puesto Turek—, es un pato de Vaucanson. Lo reconstruí yo mismo. ¿Sabe? Vaucanson fue para mí uno de los grandes. Fíjese.

El ingeniero introdujo unos cuantos granos de cereal en la abertura de la cabeza, donde faltaba el pico, sacudió el cuerpecillo

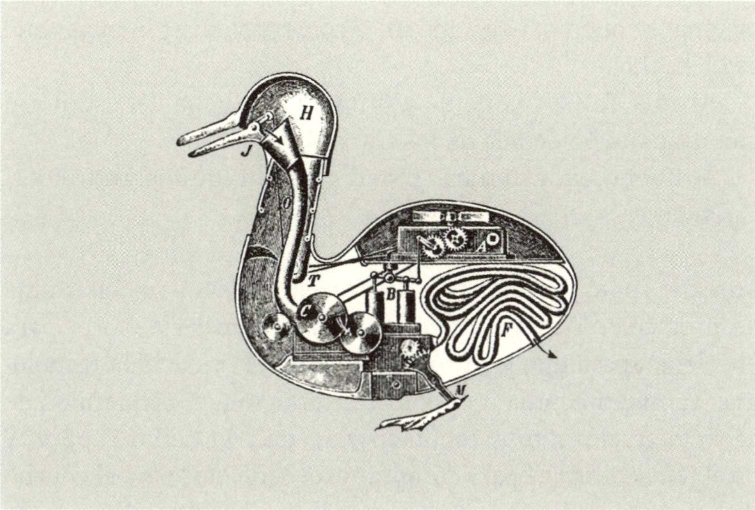

metálico y lo sostuvo frente a Turek. El interior de la máquina produjo un gorgoteo. Al cabo de un instante, un chorrito de líquido marrón cayó por la mesa.

—Esa fórmula... —dijo el ingeniero contemplando la mancha marrón con fastidio, como los dueños de perros cuando a su mascota se le escapan sus necesidades dentro de casa—. Tengo que cambiar la fórmula de los jugos digestivos. Tienen que salir bolitas duras, ¿me entiende? La versión original, por desgracia, se destruyó. El pato de Vaucanson correteaba. Picaba los granos del suelo él solo. Y luego iba soltando cagaditas por todas partes. Imagínese, la nobleza francesa estaba entusiasmada ante un autómata que producía *mierda auténtica*. Con la pestilencia que debía de haber en la corte de entonces... piense que las damas hacían sus cosas detrás de las columnas... Voltaire dijo que, sin considerar el pato de Vaucanson, no había nada que hiciese honor al renombre de Francia. Un autómata que come y descome... eso era Francia. Grandioso, ¿no es cierto? El original se quemó. Creo que mi reconstrucción es la mejor que se ha hecho.

Miró a Turek fijamente y limpió la mancha del escritorio con un pañuelo de tela de los caros.

—Bueno, ya estamos. Usted quería algunos androides. Cuénteme.

Turek le contó. Necesitaban una recepcionista y una asistente de protocolo. Y luego un robot para la guardería y otro para el colegio, para que los niños perdieran el miedo a la tecnología. También acudía a él para comprar robots pequeñitos de aspecto gracioso, muy robots, por así decirlo, como Pepper. Y también acudía a él para comprar exoesqueletos para el cuerpo de bomberos y de vigilantes, y para los clubes deportivos, pues su *smart city* tendría el primer gimnasio en ofrecer todas las modalidades de deportes con exoesqueleto.

No sabían cómo reaccionaría la gente a la convivencia con androides; Driessen temía que con su presencia cotidiana se perdiera el efecto y que lo impresionante de los robots se quedara en la tontería de la broma diaria de tipo: «Buenos días, a ver, adivina, ¿soy una persona? No, soy un robot...».

El ingeniero lo miró y rio.

—Eso solo pasa cuando el robot está mal hecho. Pero aquí no hacemos robots malos. Cada vez que uno cree saber lo que está haciendo la máquina, el robot hace algo con lo que no se podía contar. Dice algo que nos conmueve, mejor dicho, que nos descoloca por completo. Aprende muchísimo sobre uno... y está conectado a la red. Está enganchado a ese gran cerebro... tiene acceso a todo lo bello que se ha dicho en todos los tiempos. Conoce todos los poemas del mundo. Todas las declaraciones de amor que se hayan puesto por escrito... Y de eso se nutre. Ya le digo yo que sus clientes se olvidarán enseguida de que tienen piel de goma... de goma caliente, eso además —y el ingeniero bromeó levantando el dedo índice con gesto de advertencia—, y se morirán de ganas de saber qué les dice el robot... o la robot. Aprenden a una velocidad increíble. En situaciones nuevas, tienen una capacidad prodigiosa para recombinar la experiencia de las veces pasadas con la información de internet. Algún día serán nuestros compañeros del alma.

—Pero es todo mentira —dijo Turek, a quien el ingeniero empezaba a poner de los nervios—. Los robots no huelen las flores, y cuando hacen algo que parece la reacción a eso, no sienten un gozo real.

—Tal vez sea así. Pero, a fin de cuentas, no se trata de lo que sienten ellos, sino de lo que siente la persona al ver a alguien. Los robots reflejan algo en nosotros, desencadenan algo. Fíjese en esto.

El ingeniero condujo a Turek a una sala donde había una joven sentada.

—Le presento a Minou. Siéntese a su lado.

Turek se sentó. La androide giró la cabeza hacia él y parpadeó y le sonrió. Tenía unos ojos muy bonitos, de un marrón intenso, casi negro; en las comisuras de sus labios se formaron pequeños hoyuelos.

—¿Lo ve? Es usted quien se alegra de que le haya sonreído. Vea cómo respira. El pecho se eleva, y los ojos parpadean. Eso es importante. Y no fue nada fácil de conseguir. Uno sabe que es un robot, pero se le olvida... Ve una boca que se abre y sonríe, ve sus bonitos ojos, y sí, bueno, ahí se le puede ocurrir que no son más que dos lentes de una cámara que lo observa... pero ya le digo yo que se le olvida. Nuestra mente tiene la capacidad de decir que no son ojos, sino cámaras, igual que tiene la capacidad de ver que es una máquina con una cubierta de silicona realmente conseguida; y, sin embargo, la reacción del cuerpo pasa por encima de la constatación racional, y de esa reacción inmediata del cuerpo no te escapas. Y le devuelves la sonrisa. Le sonríes a un aparato con una funda de goma y el corazón se te acelera. Esa es la cuestión.

Turek se acordó del niño de Aura, al que le gustaban más los juegos de granjas virtuales que visitar una granja de verdad. Pensó en las residencias de mayores, donde tenían robots jugando con los ancianos.

—Una cochinilla es un ser vivo auténtico y un robot es una máquina conectada a internet y atiborrada de programas de lenguaje —dijo el ingeniero—. ¿Con cuál de los dos apetece más pasar unas horas? Esa es la cuestión. Cuando un objeto significa algo para nosotros, entonces tiene vida... porque provoca algo en los que estamos vivos. ¿Hasta cuándo vamos a aferrarnos a un concepto de biología tan estrecho? Cuántas veces pasamos horas muertas... con personas que no nos comprenden... que no saben nada... que no sonríen nunca... ¡y qué decepción! Si nadie nos sonríe nunca, nuestro cuerpo tampoco produce las hormonas que se liberan cuando sí sucede —añadió el ingeniero—. En el fondo, un robot no es otra cosa que un espejo vivo que nos muestra lo que deseamos y quiénes somos. En nuestro cerebro hay algo que se activa cuando observamos el dolor o la alegría de otras personas, algo que nos permite empatizar con ellas. En su estadio actual, los robots ya serían capaces de aprender de sus errores. Pronto podrán cuestionar sus propias programaciones y corregir los errores de los programadores sin necesidad de que lo hagan ellos. Y entonces nos encontraremos ante una nueva naturaleza. Nos acostumbraremos a que, junto a los humanos y los animales, exista una nueva especie con la que pasaremos mucho tiempo. Conviviremos con todos esos robots, queramos o no.

—¿Y no pueden volverse contra nosotros? —preguntó Turek por preguntar algo.

—No, si únicamente les enseñamos amabilidad. El ser humano quizá sea demasiado complejo como para recrearlo en su totalidad, pero igual tampoco es deseable. Las personas a menudo también son mezquinas, desconsideradas, neuróticas, frías, brutales... Los robots, no.

—Yo pensaba que extraían sus conocimientos de la red —replicó Turek, que ya volvía a estar más despierto—. E internet está lleno de...

—Sí, eso también es un problema —le interrumpió el ingeniero—. De ahí que China esté limpiando la red. Solo dejará ver cosas positivas. Y cuando llegue el momento de la singularidad, los nuevos seres robóticos serán los animalitos más adorables y serviciales que quepa imaginar. Ya no podrán encontrar nada relacionado con el mal y tampoco lo entenderán.

Ahí, Minou se estremeció ligeramente, como si tuviera frío, y se inclinó un poco hacia Turek, rozando hombro con hombro. Empezó a mirar al cielo. Luego se le quedó la cara congelada; dejó de parpadear. De alguna parte llegó una especie de martilleo. El ingeniero se quitó un momento las gafas, con cristales tintados en azul, se pasó la mano por el espeso cabello negrísimo, observó con cara de fastidio cómo su androide giraba la cabeza hacia izquierda y derecha en busca de humanos o robots a los que sonreírles, y acabó diciéndole a Hinata, su secretaria, que por favor la desconectase.

—¡Eh! —dijo luego frente a uno de los micrófonos que Minou tenía escondidos debajo del cuello. Luego se puso a mover la mano por delante de su cara, como un médico comprobando si un paciente aún está cuerdo—. ¡Ojos hacia mí! ¡Ojos!

Pero los bonitos ojos habían desaparecido, en su lugar quedaban dos cuencas negras y profundas como dos bostezos.

—Nada... —dijo el ingeniero rascándose la cabeza—. Las cámaras se han puesto en posición de reposo. Eso no lo debería hacer, así, delante de la gente...

Le presionó las sienes con los pulgares; en pocos segundos, reaparecieron los ojos y Minou parpadeó como si no hubiera pasado nada.

Turek miró al ingeniero. En la oscuridad del cuarto contiguo estaba el robot niña, con sus ojos desconectados clavados en el vacío. Aquella cosa medio escondida en la oscuridad no dejaba de ser también como una memoria de una vida pasada, un álbum de fotos familiares en versión supersofisticada que permitía a las personas ya adultas o ancianas o fallecidas escenificar de nuevo el pasado: durante unos instantes sería posible hablar con los muertos. Porque no se podía consentir que desapareciese nada, que nada se perdiese; eso tenían en común los robots con la pintura de retratos de toda la vida y con el Big Data.

Sin que nadie llamara, se abrió la puerta y entró una mujer joven. Tendría veintipocos años y llevaba el pelo teñido de un fucsia chillón. En la nuca, por debajo de algunas greñas, asomaba un tatuaje; en el labio llevaba un imperdible a modo de *piercing*.

Le dijo algo al ingeniero y desapareció por el pasillo.

Turek lo miró con gesto interrogante. El ingeniero le devolvió la mirada, como si aquello hubiera podido ser un

espejismo sin relación alguna con la realidad de su laboratorio y tan solo hubiera sucedido por una ruptura del *continuum* espacio-tiempo.

—Mi hija —dijo secamente.

De golpe, se le notó agotado. Ya contactaría con Turek en el transcurso de los días siguientes, y para finales de la semana tendría listos dos prototipos que le pediría que viese; muy impactantes, desde luego.

Acompañó a Turek hasta la puerta. En la antesala había una secretaria en una mesita. Sonrió a Turek.

—Le presento a Hinata, ella se pondrá en contacto con usted —dijo el ingeniero, y Hinata le hizo una ligera reverencia sin moverse de donde estaba.

El resto del día lo pasó Turek con la Dra. Ikeda, una investigadora del instituto, cerca de una granja. Fueron por carreteras comarcales y atravesando pueblos deshabitados hasta una especie de península donde la mitad de las casas, de ventanas muertas, daban a campos de arroz y otras plantaciones. No se veía ni un alma, únicamente en las plantaciones había algunas personas muy mayores faenando. Con una facilidad pasmosa, cargaban cajones llenos de fruta en una furgoneta aparcada en la hierba.

—¿Ve algo que le llame la atención, Turek-San?

—Lo que deben de pesar esas cajas...

—Los jóvenes están todos en la ciudad. Mire, por ejemplo, ese señor: tiene una granja. Pero todos los hijos se le han ido. Su hija trabaja para un banco en Osaka. El hijo se dedica al diseño de comunicación en Tokio. El anciano no ha querido renunciar a su granja. Trabaja en ella día y noche con su mujer y aún les envía dinero a los hijos. Los dos tienen casi ochenta años.

—Madre mía... —dijo Turek.

—Les hemos proporcionado exoesqueletos, ¿lo ve? ¿Ve esa especie de férulas negras? Se ponen como un traje, y así levantar cien kilos no es nada.

Turek guiñó los ojos. En efecto, los dos ancianos llevaban una especie de armazón, un esqueleto por fuera del cuerpo.

—¿Y eso de allí atrás? —preguntó.

—Ah, eso es un experimento. Aquí estamos en una fase de desarrollo a muy corto plazo, una fase de transición en realidad. Los exoesqueletos ayudan a los ancianos a sobrevivir en el campo. Pero esa gente fallecerá en algún momento, y es muy poco probable que sus bisnietos vuelvan en masa a pedir trabajo por un salario mísero en los campos de arroz o las plantaciones, como el de sus bisabuelos. Y no vamos a hacer chatarra con todos esos exoesqueletos... Llegará un momento en que el campo se habrá convertido en un espacio del que las personas hayan desaparecido por completo. Pero, claro, alguien tendrá que sembrar y regar y recoger la cosecha... y eso lo harán las máquinas, y para eso tenemos ya los esqueletos. ¿Qué le parecería reconvertirlos en robots cosechadores? De lo más práctico, ¿verdad?

Por un campo iban rodando unas cuantas máquinas pesadas, obviamente teledirigidas, y entre ellas se veían los mismos tipos de esqueletos negros de los ancianos, solo que estos se habían sacudido de encima (o más bien de debajo) a los humanos para circular libremente, dueños de sí mismos. Iban para acá y para allá sin personas dentro. Un «exo» atornillado a una plataforma con ruedas recolectaba todas las frambuesas de un arbusto. Otro daba zancadas a lo largo de un sendero. Parecía un fantasma con patas negras muy largas y delgadas.

—Aún van un poco inseguros, pero aprenderán sin problema —dijo Ikeda enternecida.

En el lugar que correspondía a la cabeza en los exoesqueletos normales les habían puesto una caja abstracta con tres ojos cámara con cables que luego iban a otro cajetín plateado.

—En principio, el módulo es el mismo que el de los androides del ingeniero, solo que él se esmera muchísimo con los rostros de silicona para que el resultado sea lo más parecido posible al ser humano. Él más bien es escultor, en realidad. Un robot propiamente dicho es como estos. Se le puede disfrazar de humano, claro, aunque a mí me parece que así están casi mejor. Este es su aspecto natural cuando no esperan a ningún humano...

La Dra. Ikeda rio y tiró del brazo de Turek para llevarlo hasta un sendero.

Dos esqueletos transportaban un cajón; sus módulos de visualización giraron hacia Turek e Ikeda.

—¿Y ahora por qué nos miran?

—En cualquier caso, no es para hablar con nosotros. Tampoco sonríen. Nos han reconocido como obstáculo. Entre ellos

están todos conectados a través de una IA central; cada máquina sabe dónde están las demás y qué hacen.

Turek se acordó de su oficina. A fin de cuentas, allí estaban exactamente igual: todo el mundo sabía dónde estaban los otros y qué estaban haciendo... desde hacía poco, incluso sabían qué estaban diciendo. Había que reconocer que, mirándolos bien, todos sus compañeros de la oficina tenían cierto aspecto de exoesqueletos... Todos menos Illenberg, aunque a ese la comunidad de esqueletos no había tardado en expulsarlo. ¿Cómo le iría a Illenberg?

Ikeda insistió en llevar a Turek a Osaka en su coche, pues ella también vivía allí, en un rascacielos del centro. Su Daihatsu recorrió las carreteras que llevaban desde los arrozales a la autopista a toda velocidad. Le contó a Turek que, solamente en Japón, faltaban un millón de cuidadores... trabajo que en el futuro harían los *carebots*, que sabrían llevar la comida, levantar a los pacientes de la cama y charlar con ellos; en un plazo de siete años, los ingresos que producían los robots de servicios ascenderían a 43 mil millones de euros. El ingeniero había desarrollado algo completamente nuevo para los ancianos: el telenoide, un torso que se podía sostener en el regazo como un bebé; los movimientos del cuerpo de silicona podían ser controlados a través de un ordenador por una persona, por ejemplo, el nieto, que igual estaba en Tokio o en Los Ángeles; los movimientos y la voz se podían transferir al robot. Así que la visita de la familia a la residencia podían realizarla, desde ya, unos cuerpos artificiales teledirigidos que recordaban lejanamente a los muñecos de una película de terror.

¿Era ético siquiera despachar a los ancianos con semejante cosa en lugar de regalarles un gato de verdad? Porque, claro, ¿y si luego el gato no se les quería subir al regazo y arañaba? Los gatos de verdad eran una constante fuente de desilusiones y, vistos de cerca, tampoco se hacían tan simpáticos (a diferencia de los perros, que olían un poco más para contrarrestar, pero siempre tenían pinta de simpáticos), sino que más bien parecían taimados, con esos dientes tan puntiagudos, criaturas malvadas que no vacilarían un segundo en lanzarse a morder cualquier cosa indefensa de tamaño menor (ratón, pajarito, dedo humano...).

Mientras conducía, Ikeda miraba el móvil cada diez segundos, tecleaba unas letras y controlaba con rápidos parpadeos si se había producido algún cambio en la ubicación... en una carretera que prácticamente era una recta. A Turek le ponía nervioso, hasta que tuvo que reconocer que a Ikeda no se le daba nada mal controlar las dos cosas a la vez; es más, esquivó magistralmente un tractor, conducido por un anciano ancianísimo, que se salió del campo y se les cruzó en la carretera. Turek no lo había visto venir, pero ella sin duda sí.

La luz del exterior fue haciéndose más débil. El sol se ponía por detrás del río Yodogawa y en el puente había un buen atasco de tráfico. Se encendieron las luces de la prefectura de Osaka, Himejima-dori. Ikeda dejó a Turek en un cruce donde él hizo señas a un taxi. El conductor paró y la puerta se abrió sola, como magia. El asiento trasero era de mullido terciopelo protegido por pañitos de encaje como los de las casas de las abuelas; a diferencia de Europa, en Japón no es muestra de buen gusto el cuero en el coche, más bien se considera una grosería: uno no se sienta sobre la piel de otros. El taxi fue como una bala por una autopista elevada sobre pilares de hormigón por encima de las calles de Osaka en dirección a Itami. Salió para Tokio en el último vuelo.

***

El día siguiente lo pasó Turek en el hotel. Pedía que le subieran sashimi y té y cerveza Asahi a la habitación y no salió de ella hasta que unos obreros se pusieron a picar el hormigón en mal estado del edificio de enfrente. El martillo hidráulico hacía temblar el suelo, y los vasos de cristal que tenía sobre una mesita de plástico gris tintineaban como por un terremoto lejano. Llamó a Masao, un viejo amigo, compañero de cuando ambos trabajaban para Doctoroff. Quedaron en verse en el Orchid Bar.

Como le sobraba tiempo y no tenía ganas de estar en la habitación, Turek se sentó un rato en el bar del hotel. En las paredes colgaban unos cuantos teléfonos de los años sesenta ahora en desuso, de baquelita en un tono verde bilis. Algunos empleados pasaron junto a él con las consabidas reverencias, desapareciendo después en las oscuras y silenciosas profundidades del vestíbulo. A veces se ponía en movimiento la puerta giratoria para arrojar a un puñado de huéspedes sobre la alfombra gruesa y mullida, que parecía absorber el ruido, el torrente de luz de todas partes y el martilleo del mundo. Estaba lloviendo. A su lado, en el Orchid Bar, había un americano tomándose un Hibiki. Turek se acercó a la recepción a encargar un masaje para la mañana siguiente y entonces sí subió a su habitación. Nada más llegar, se quedó profundamente dormido y soñó muchas cosas revueltas hasta que lo despertó la llamada de Masao.

Lo esperaba abajo, en el *lobby* del hotel. Turek no lo había visto en mucho tiempo. Masao llevaba barba de tres días, los contados pelos se repartían por su barbilla como los símbolos de una extraña caligrafía. Parecía somnoliento y un tanto disperso. Se tomaron un sake y luego un par de cervezas, y Masao le habló de una mujer llamada Nami. Le enseñó una foto suya, con un traje de baño estampado. Con ella había ido una vez a Kaganawa, a la playa; y quería volver.

Turek le habló de la nueva ciudad. Masao preguntó por Aura, y Turek miró al suelo, dijo que «todo bien», que tenía mucho que hacer.

—Este hotel es horrible —dijo Masao—. En otra época fue muy bonito, pero ahora es caro y feo. —Posó una de sus manos, tan finas y delicadas, en el hombro de Turek y se metió la otra en el bolsillo del pantalón—. Las llaves de mi casa. Te estaría muy agradecido si te mudaras allí y me cuidaras las plantas. La cama está recién cambiada. Y es una cama americana, así que no temas, cabrás en ella. Te mando la dirección en un mensaje. Yo vuelvo dentro de una semana.

Turek se trasladó al piso de Masao. Era un apartamento sencillo de dos estancias en una torre de los años sesenta. El suelo era de baldosas de sintasol. En la pared, sobre la mesa de la cocina, colgaba la réplica del cuadro barroco de Atalanta e Hipómenes de Guido Reni que está en el Museo di Capodimonte de Nápoles; Masao había estado allí en sus tiempos de la universidad. Encima de un tocadiscos marca Braun cubierto de polvo se apilaban varios CDs de Maceo Parker. En la mesilla de noche, sujeto con dos piedrecitas y una concha, había un dibujo. Representaba la vista desde la ventana: el caos de casas a las que se superponían otros edificios y autopistas y cables de todo tipo y gasolineras elevadas. En Japón no hay nada subterráneo, los surtidores de combustible no son columnas en el suelo, sino que las mangueras caen desde el techo como lianas, la gasolina baja del tejado.

En un cenicero de Ricard que Masao habría robado o comprado en Francia había una cajita de cerillas descolorida por el paso de los años en la que se leía «Arethusa Hotel Athens». Turek intentó encender una cerilla; aún prendían.

Hacia las tres de la madrugada se despertó. Se sentó junto a la ventana a contemplar el parpadeo regular de las luces de posición rojas que tenían los rascacielos en lo alto. En algún punto de aquella oscuridad estaba el Monte Fuji; por la mañana, al salir el sol por encima de la bahía, se veía desde el tejado cómo su cumbre nevada emergía del negro de la noche tokiota y se teñía de rojo, según había dicho Masao. Todavía era muy de noche, únicamente había luz en uno de los edificios de enfrente. Una joven, sentada en la posición del loto en el estrecho balcón de su apartamento, leía mensajes en la pantalla de su teléfono. Era la mujer de la foto que le había mostrado Masao. No llevaba más que una toalla envolviéndole el cuerpo; una larga guedeja de pelo mojado le caía en la cara; era obvio que acababa de salir del baño y que los mensajes solo los leía el ojo derecho. Turek observó a Nami durante un rato y la imaginó paseando por la playa o entre las rocas con Masao. La luz azul confería a su rostro una apariencia como de otro mundo, parecía un espíritu de las profundidades marinas o un personaje de *Avatar*, esa ecocursilada donde todos los buenos son azules. Luego, la luz azul se apagó y el rostro de Nami se fundió con el negro de la noche.

Al fondo estaba la bahía, también negra y silenciosa; una llovizna muy fina que venía del norte caía sobre el agua. A lo lejos sonó una sirena; en alguna parte, un tubo de neón defectuoso rompió la oscuridad, por la que ahora empezaba a circular la fría luz de los faros de los primeros camiones. Hacia las cinco se apagaron las luces rojas del rascacielos.

Por la mañana llamó Hinata.

—Buenos días, Turek-San —tenía una voz aguda, pero al mismo tiempo áspera, como si tuviera virutillas de metal en la tráquea—. Eh... el ingeniero quiere verlo el jueves. Iría él a Tokio con una furgoneta y dos prototipos. ¿Le va bien a las 13:00?

—Me viene especialmente mal —dijo Turek—. ¿Podría ser un poco más tarde?

—Espere —dijo Hinata—. Eeh... un momento, no cuelgue, *wait, wait, wait for a moment, please*... Perdón... ya está. ¿A las 14:30 estaría bien?

Hablaba con un ligero acento, un tono vacilante particular. Turek intentó recordar su aspecto y determinó que era guapa, era una japonesita menuda muy guapa que cometía algunos errores en inglés y decía «catorce treinta» a las dos y media.

—¿Vendrá usted también? —le preguntó.

—¿Cómo? —respondió Hinata—. ¿Quiere decir a Tokio? No, no... —ahora sí que ríe de una forma irresistible, pensó Turek—. Me encantaría ir a Tokio, pero tengo que quedarme aquí. ¡Qué pena!

—Ah —dijo Turek—. Bueno, pues...

—Sí, ha sido un placer conocerlo. Un gran placer.

A Turek le entró tos, ¡menudo fastidio!

—Sí, *cofcofcof*... para mí también... *cofcof*... ha sido... cofcof —respiración profunda— un gusto *cofcof*...

—Entonces hasta pronto, querido Turek —dijo Hinata y colgó.

Turek salió a la calle. Pasó un taxi amarillo y uno rojo y luego uno verde. Él se sentó en un parque en el que había unos niños frente a un santuario. Había una fuente con un grifo en forma de dragón, dos mujeres cogían agua con un cacillo de madera y se la echaban sobre las manos. Alguien colgó una pequeña tablita de madera en una pared. Olía a incienso.

Turek pasó el día visitando un hotel donde la recepción estaba atendida por robots. La comida salía de un robot dispensador que recordaba a una nevera, el equipaje lo llevaba a las habitaciones un robot y la recepción estaba atendida por dos robots: una androide y otro en forma de dinosaurio. El dinosaurio no se enteraba de nada. Solo miraba a Turek con cara de malo desde detrás de su mostrador. Turek, para probar, le dijo:

—Querría una habitación.

El robot abrió la boca, asintió con la cabeza sin decir nada y luego hizo un gesto brusco con el brazo, como si le hubieran mordido. Luego se quedó congelado, pues no hablaba más que japonés. Sus ojos cámara parecían fijos en el vestíbulo. La puerta de cristal se abrió como si por ella entrase un fantasma; fuera, el viento que soplaba desde la bahía de Tokio barría un *parking* muy grande. Personas de verdad no se veía ninguna. Me imagino, pensó Turek, que, cuando se caiga el sistema, como acababa de pasar, los clientes tendrán más paciencia con el simpático androide femenino que con el dinosaurio; ante un dinobot que no funciona se vuelve uno agresivo, el cliente piensa de inmediato «puto bicho con hocico de reptil, por algo os llegó la extinción» y se busca otro hotel.

***

Cuando volvió a casa ya anochecía. Vio a Nami sentada en su balconcito... y a alguien sentado detrás de ella: un hombre delgado con pantalones de chándal grises y el cabello todo tieso hacia arriba, con un peinado más artificial que nada por el que parecía fluir una corriente eléctrica invisible gracias a cantidades industriales de fijador; su silueta apenas se distinguía de la de ella.

Turek salió a dar una vuelta. Envió un mensaje a Hinata y ella le respondió al instante. En torno a la estación de Roppongi había un soberbio atasco de tráfico y los conductores hablaban por teléfono: millones de mensajes y llamadas y *whatsapps*. Coches, coches y teléfonos, teléfonos y coches, teléfonos, teléfonos y coches y teléfonos y una cámara de vigilancia. En la historia de los inventos que han transformado a los seres humanos estaban primero el fuego y después, en algún momento, el coche, y luego, el teléfono móvil. Después del coche, el móvil era la primera cosa a la que se sometía absolutamente todo y a través de la cual se podía controlar todo: si la ciudad del siglo XX hubo de obedecer al dictado de los coches, la ciudad inteligente del XXI tenía que plegarse, ante todo, a las exigencias del *smartphone*. En aquella ciudad del coche se trataba de dejar en paz a la gente, ya fuera en sus torres dormitorio o durante el camino al trabajo, en tanto que el objetivo de la ciudad del *smartphone* era que todo estuviera en constante comunicación con todo y que sus habitantes —se interpretara esto como promesa o como amenaza— nunca más volvieran a estar solos, pues en todo momento estarían extrayéndoles datos igual que le extraen sangre a un paciente de Urgencias, y esa sangre contendría todas las informaciones necesarias para dirigir los cuerpos y los sentimientos y los deseos y los miedos de los habitantes de la *smart city*. Una pared ya no significaba nada, ya no servía para proteger de nada, a lo sumo, podía utilizarse para fijar sensores en ella. Los vampiros de los datos habían hecho su trabajo a conciencia.

Turek se planteó escribir al ingeniero diciéndole que iba él a Osaka, si bien tuvo que reconocer que el único motivo habría sido volver a ver a Hinata, y la idea le asustó tanto que abandonó el plan (además, le había prometido a Masao que le regaría las plantas).

Los días que siguieron, Turek no vio en la ventana de Nami más que la silueta del hombre de los pelos tiesos, hasta que se dio cuenta de que era la propia Nami: se había cortado el pelo y ahora llevaba el mismo peinado eléctrico que él. Al cabo de unos días, se lo había teñido de un amarillo fosforescente rarísimo. Esta vez vio sentada a su lado a otra mujer de cabello castaño, más bien largo; estuvieron bebiendo algo y luego dejaron las botellas medio vacías en el alféizar; luego, Nami besó a la otra, y se apagó la luz.

Turek se puso a hojear un ejemplar de *Wired* que tenía Masao al lado de la cama. Facebook estaba trabajando en un artilugio que, a través de un casco con electrodos, reconvertiría las ideas del cerebro directamente en mensajes de texto, una especie de gorro mágico... para lo cual primero hacía falta descifrar los códigos de las células nerviosas, así como de la actividad cerebral. Elon Musk anunciaba que iba a desarrollar una «Brain-Computer-Interface» que permitiría cargar informaciones directamente desde internet y almacenarlas en las propias redes nerviosas. En teoría, el propio cerebro humano pasaría a ser un objetivo para los *hackers*... Menudo panorama.

De momento, los robots solo se pegaban al cuerpo por fuera, como se veía en los exoesqueletos, pero los futuristas más fervientes ya estaban dándole vueltas a la posibilidad de que los robots se reprodujeran, por ejemplo, combinando en un ordenador partes de su *software* y luego imprimiendo el resultado con una impresora 3D, acto que correspondería al alumbramiento.

***

El ingeniero llegó a Tokio. Turek y él se reunieron en un edificio de almacenes del puerto, donde en tiempos estuvo la lonja del pescado. Había traído dos prototipos: un joven rubio de aspecto occidental, con una caja torácica de anchura exagerada y que sabía decir «*Hi!*» y parecía un Ryan Gosling en vías de transformarse en Hulk, y una recepcionista también joven, mezcla de asiática y latina que, al hablar, levantaba una ceja y guiñaba el ojo con un gesto entre pícaro y escéptico; en este caso —explicó el ingeniero con orgullo—, se había inspirado en Jennifer López, aunque también tenía una dosis de Léa Seydoux y de Sheena Ringo, y le preguntó a Turek si la conocía... Hi, Izuru Tokoro... la canción de Sheena Ringo, ¿no le suena? Es la favorita de mi hija. Turek envió a Driessen un vídeo de los dos robots, y Driessen se mostró entusiasmado. Turek aún comentó con el ingeniero algunos detalles del contrato... y a lo mejor podía ocuparse Hinata de enviarle la documentación correspondiente... El ingeniero lo miró, entornando los ojos.

—¿A usted le gusta Hinata?

—Es muy... amable —trató de eludir el tema Turek.

—Le daré recuerdos de su parte.

***

Turek fue a pasear. Se fijó en la gente que había durmiendo en los parques, oficinistas que se echaban un ratito después de comer en el Jardín Imperial, bajo los cerezos en flor: doblaban la chaqueta del traje para apoyar la cabeza en ella, se colocaban el móvil sobre el vientre a modo de cartel identificador y caían en un sueño profundo, en tanto que el teléfono se resbalaba y acababa sonando entre la hierba media hora más tarde. Aquellas masas de oficinistas tumbados en el césped le inspiró la idea de que la *smart city* perfecta sería un espacio donde ni siquiera sería necesario que hubiera casas y viviendas, bastarían los tejados para proteger de la lluvia, pues tanto la temperatura como el calor o el grado de dureza del suelo la establecerían sensores colocados por encima de las personas acostadas, y así también podrían ocuparse de su seguridad y protegerlos de los intrusos soltándoles una descarga eléctrica en caso de acercarse a una determinada distancia; cabía imaginar que un repartidor de Deliveroo no podría permitirse una vivienda con el poquísimo dinero que ganaba, pero lo fabuloso de su idea era que ya tampoco le haría falta.

***

Regresó a pie al apartamento de Masao. Encendió una de las viejas lámparas metálicas que había en la mesilla de noche y se sentó en la cama a leer sus *mails*. Tenía una solicitud de amistad por chat de una dirección japonesa.

—*Hi* —decía—. *So good to meet you.*

Turek respondió.

—¿Quién eres?

—Adivina.

—¿Eres Hinata?

—Sí. ¿Dónde estás ahora?

—En Tokio.

—Yo también.

Hinata estaba en Tokio. ¿No había dicho que no podía ir? Claro que ahora venía el fin de semana... Igual estaba de visita en casa de amigos...

—Genial. ¿Te apetece que nos tomemos un té? —escribió Turek.

—Ok.

—¿Dónde quedamos?

—No sé. Di tú.

—¿En el bar de Okura?

—Ok.

—Genial. ¿Cuándo?

—No puedo ir.

Turek se quedó mirando fijamente la pantalla de su portátil. A lo mejor había sido demasiado directo para una japonesa. A lo mejor había sido un malentendido por el idioma, Hinata solo hablaba japonés y un poco de inglés, y él de japonés, nada. Y de todas formas era un disparate, qué iba a hacer con ella, para qué...

—Pues nada, hasta cuando sea, buen fin de semana —escribió Turek.

—*Wait, don't go.*

—*Yes?*

—*I still want to talk to you.*

—*About what, dear Hinata?*

—*Nothing.*

—*Are you ok?*

—*No, it's ok?*

Pero ¿de qué iba todo aquello? A Turek se le había dormido una pierna. Intentó recordar qué era exactamente lo que le había dicho Hinata al despedirse de ella en el vestíbulo del instituto.

—*No, please tell me.*

—*I can cook for you.*

—*Really?*

—*What do you want to eat?*

—*You decide. Maybe a typical Japanese dinner?*

—*Ok, let's meet in the park.*

—*Where in the park?*

—*On a bench.*

Esta mujer está un poco mal de la cabeza, pensó Turek. ¿Qué parque? Si luego habrá como un centenar de bancos en cada parque. ¿Y dónde pretende cocinar? ¿Aquí en mi casa? ¿Encima del banco?

—*At six tonight, but which bench?*

—*Sure if you can actually mean it.*

—*Why should I not mean it? I mean it. Let's meet.*

—¿Y qué haremos entonces?

—Lo que tú quieras...

—¿Te quieres casar conmigo?

—¿Qué?

—Porque yo te quiero muchísimo.

—¿No vas un poco rápido? ¿Qué es eso de casarnos? ¿Qué íbamos a hacer?

—Acostarnos.

—Eso podemos hacerlo sin más.

—Pero no serían nuestros.

—¿Quéee?

—¿Qué he hecho? ¡Dímelo ya!

Turek se rio. Aquello era... Le temblaba la mano. O era un dramón japonés de lo más peculiar o estaba chateando con un bot. Porque también su voz resultaba un poco... Pero no podía ser, él la había visto, e Hinata no tenía esa piel de goma de los otros robots. Por otro lado... tal vez era un modelo más nuevo. Minou era capaz de mantener una conversación de hasta diez minutos y operaba con programas de reconocimiento de voz y cámaras de infrarrojos, su cara estaba hecha de silicona de la mejor calidad, con cejas que parecían enteramente reales, una piel como viva, que simulaba ruborizarse. A lo mejor...

—¿Dónde vives? —preguntó Hinata.

—En casa de un amigo, en Shibuya.

—¿En serio? Eso es superbonito.

—Sí.

—Me da igual.

¿Y ahora qué le pasaba a Hinata?

—¿Eres un robot?

—¡NO! Soy una persona de carne y hueso, ¡no como tú!

—¡Oye! Yo sí que soy una persona... ¡Veámonos!

—Ok. Voy a tu casa y te acuchillo.

Turek no podía apartar la vista de la respuesta. Aquello lo había escrito un algoritmo muy raro O BIEN una japonesa muy *sexy* pero con serios problemas de vocabulario O BIEN estaba chateando con una loca de las de verdad, pues a fin de cuentas estaban en Japón, país de los kamikazes y las espadas samuráis y de unos fetichistas tarados por completo que se colgaban del techo atados con cuerdas que hasta hacían dibujos... y tierra de los cuchillos más afilados del mundo. Miró hacia la puerta con recelo.

—Espero que no —respondió.

Igual no había sido buena idea decir eso, igual era justo lo que incitaba a la psicópata a presentarse allí... y él hasta le había dicho dónde vivía...

Sonó un *ping*, y en el cielo azul de la pantalla del ordenador apareció un nuevo mensaje.

—*Well if you think that I am not superior to you how about you prove it psychologically and attempt to destroy me psycologically.*

—*Why should I do that? Why are you so belligerent?*

—*Because I like knowing.*

Turek cerró el portátil y se fue a un pequeño bar. El aire se notaba más seco que los días anteriores, soplaba un viento suave, cálido. Al volver luego a casa, sintió escalofríos. ¿No se había movido algo en aquel arbusto, a la izquierda de la recepción? Cerró su habitación con pestillo. No volvió a tocar el ordenador. Encendió la tele; en los canales japoneses había concursos y documentales de naturaleza. En la CNN dijeron que en Fukushima estaban intentando enfriar el reactor dañado con agua, que lo recubrirían todo de piedras y después verterían el agua de enfriado en el mar. Turek se quedó tumbado en la cama viendo las imágenes del reactor y pensando en la extraña transformación de Nami y en Hinata, y luego ya no supo en qué estaba pensando y se adueñó de él un sueño profundo y turbulento.

AUTONOMÍA

La nueva ciudad era un éxito, acudían los turistas en hordas, los traían en autobús, y los cochecitos sin conductor los paseaban por las colonias de casas nuevas hasta la plaza central. Había cámaras que captaban todos los rostros; al final del tour te podías imprimir un álbum con las fotos que te habían hecho en la ciudad. Quien pasaba frente a una tienda recibía un mensaje con alguna oferta especial; las ventas subieron en un 28%. Por las noches, las farolas de las calles solo se encendían si pasaba alguien; así se ahorró un 60% de luz. No había ruido. Donde antes aparcaban camiones viejos como para el desguace, había niños columpiándose todos a la par. Los papás se sentaban en el café, el móvil indicaba en tiempo real la ubicación de la correspondiente criatura. El *smart center* de la gran plaza central, donde se procesaba la totalidad de las imágenes y datos de movimiento de todos los teléfonos utilizados en la nueva ciudad, informaba de las ultimísimas noticias a través de una pantalla gigante: eran las 10:30 de la mañana, la calidad del aire era de tan solo 12 microgramos de polvo en suspensión por metro cúbico. El número de hurtos había descendido hasta cero. Había 654 personas en un radio de 500 metros. En forma de franja roja que recorría la pantalla, un titular informaba de que habían filmado a una persona intentando deshacerse ilegalmente de una bicicleta vieja. Al otro lado de la barrera de seguridad, un desconocido había dirigido la palabra a un niño de cuatro años; el sistema de reconocimiento facial había permitido su identificación y lo había interrogado la policía.

La lista de solicitudes de pisos en la ciudad nueva era cinco veces mayor que el número de viviendas disponibles.

***

Driessen daba una fiesta. Hacía dos años se había comprado una casa en las afueras de la ciudad, en una zona boscosa que casi era un parque: un gran bungalow blanco encalado con una enorme chimenea abierta y un enorme ventanal con jardineras que había llenado de ficus y suculentas la anterior dueña, una señora de noventa y pocos años y en su día profesora de universidad, pero que él, como ni las chimeneas ni las plantas tropicales le decían nada, había mandado remodelar por completo a un ingeniero de Stuttgart para que convirtiera el chalet en un *Passivhaus* acristalado de suelo a techo donde todo funcionaba sin necesidad de contacto: había sensores que reconocían cuando alguien se dirigía hacia las puertas de cristal, los cajones —todos lacados en alto brillo—, la nevera y el humidificador se abrían mediante comandos de voz, las persianas se bajaban al vuelo en cuanto recibían la orden... todo *touchless*. La iluminación de la pieza de Jeff Koons, el típico perrito globo en malva metalizado... ¡también funcionaba con sensores! El motivo de la fiesta era, por consiguiente, la inauguración de aquel prodigio de la modernidad.

Driessen, de pie junto a la valla del jardín, saludaba a los invitados en persona, les daba una palmada en el hombro, los atraía hacia sí, les daba un abrazo, a las invitadas menuditas y de poco peso incluso las levantaba un poco en el aire, y con orgullo les mostraba su ultimísima adquisición: su nuevo coche, un imponente Tesla Model X con puertas de gaviota, dos motores y setecientos caballos que, a la orden de «¡Coche!», salía solo del garaje y se acercaba a la puerta de la casa como un perro obediente, en tanto que el perro de verdad de la familia, un Yorkshire terrier llamado Turing, ladraba y gruñía como un poseso al paso de aquel vehículo que se automovía como un fantasma.

—Un coche que te viene a buscar solo a la puerta de casa cuando lo llamas... es que es de lo más práctico cuando llueve —contaba Driessen todo ufano y con voz bien sonora a los numerosos invitados que iban llegando a la fiesta después de aparcar delante de la casa, en un prado donde, como en una improvisada formación de ballet, se veían todos los vehículos que no acudirían a ninguna llamada si se ponía a llover de repente, con lo cual a sus dueños les tocaría echar a correr con los hombros encogidos en infantil y vano intento de no mojarse.

Turek llegó tarde, porque había querido tomar algo para entonarse antes de la fiesta y luego se había puesto a tono a base de bien y al final llegó con tal curda que casi podía volverse a casa de nuevo. Como desde el fondo de un gran embudo, le llegaba la voz de la señora Driessen, la corpulenta heredera de una macroempresa internacional de audífonos, contándole un rollo a una escuálida figura de cabello crespo que le sacaba dos cabezas y que, a su vez, intentaba meter baza para hablar de su retiro yogui.

—Era la primera vez que íbamos a ese pabellón japonés de *mindfulness* en Kranzbach... muy impresionante, la verdad, tienen... —contó este, aunque no tardó en interrumpirlo la voz estridente de la anfitriona.

—Allí siempre íbamos nosotros a esquiar —sentenció, impidiendo al larguirucho cualquier ulterior intento de llevar a buen término su historia del pabellón de *mindfulness*—. No sé yo si podría estar con un hombre que no supiera ni ponerse los *esquises* —dijo la señora Driessen, hizo una carantoña a Turing y meneó la cabeza con cara de estupor ante la idea de un hombre que no supiera esquiar.

«Yo no podría —pensó Turek (que no sabía esquiar)— estar con una persona que le pega semejantes patadas a la gramática», así que se escabulló de donde estaban los anfitriones.

La música suave de unos altavoces gigantescos amenizaba el ambiente. Un robot chiquitito con una bandeja recorría el camino enlosado entre la casa y el garaje sirviendo cócteles.

—Es el nuevo miembro de la casa —explicaba la señora Driessen—. Una lindura, ¿a que sí?

Turek cogió una copa. Buscó y encontró el cuarto de baño (el cuarto de baño dice «hola» y «*au revoir*»), y también encontró una cerveza al acercarse a la nevera de apertura automática (la nevera dice «sírvase»), luego otro robot camarero le plantó en las narices un *gin-tonic*, y como al robot se le había atascado una rueda en el arriate de flores y temblequeaba un poco, Turek, por lo que pudiera pasar, se bebió el *gin-tonic* de la bandeja de un trago. En el consiguiente intento de volver al cuarto de baño, se tropezó, la puerta a la que trató de agarrarse se abrió automáticamente y fue a dar de bruces contra el piso. «Mármol —pensó Turek, apoyándose en la piedra lisa para incorporarse— ¡qué bonito y qué fresquito...!». Un poco más abajo, dos empleados devolvían al robot atascado al sendero de asfalto. En la pantalla del reloj de Turek apareció un mensaje breve: «el giroscopio y el acelerómetro de tu Apple Watch Serie 4 —decía— pueden captar si sufres una caída». Al notar un fuerte golpe, el reloj daba la opción de llamar directamente al servicio de Urgencias o ignorar el aviso. «Si, pasados veinte segundos, no reaccionas, la llamada se realiza de manera automática y tus contactos de emergencia reciben un mensaje con tu ubicación».

Turek tocó el símbolo de «ignorar emergencia» y recorrió la casa dando tumbos sin encontrar nada que le ofreciera anclaje, excepto... ¡Uf, ya! Aliviado, con las piernas temblorosas, se colgó del robot camarero, que continuó rodando cuatro metros más y luego se paró en seco.

—¡Cooche! —le dio por decir a Turek.

Al instante se abrió el portón del garaje, provocando la estampida de un grupo de invitados, y, como guiado por un fantasma —y, según le pareció a Turek, a una velocidad asombrosa—, el Tesla avanzó hacia la larga mesa de los canapés que había justo delante, vestida con un mantel blanco; no frenó en modo alguno, pues obviamente los algoritmos no interpretaron las imágenes de las cámaras de a bordo (= larga mesa con mantel blanco hasta el suelo frente a casa también blanca) como indicadoras de ningún motivo para frenar. Lo siguiente fue el estrépito de la colisión, botellas que caían al suelo y canapés que volaron cual proyectiles contra los cristales de la casa (= bajada automática de la persiana antilluvia) y en parte cayeron al estanque de las carpas, que los engulleron ávidamente (al parecer era una especie de carpas depredadoras especialmente agresivas, fruto de una modificación genética).

—*Stop!* —grita ahora Driessen espantado desde el fondo de su jardín (= laberinto de estilo francés; desde el aire, los setos reproducen las iniciales de *madame* Driessen: A. D).

El Tesla, como si se sintiera un tanto incómodo ante la situación, se detiene medio renqueando sobre lo que antes era el armazón de la mesa y ahora es como una lasaña de hierros y tela.

Al lugar del percance se acerca entonces Turing meneando la cola y mete el hocico en el mejunje, resultado de las botellas vertidas de bourbon, ginebra, *rosé*, café y vino blanco.

—*Stop!* —chilla ahora también la señora Driessen, aunque, a diferencia del Tesla, el perro no reacciona, sino que termina de lamer los últimos regueros de las botellas para, a continuación, lanzarse regañando los dientes a por las carpas, que le devuelven la mirada con ojos saltones y pasmados.

Turek, un tanto conmovido, asiste a la escena que transcurre ante sus ojos como a cámara lenta y en la que: una mancha blanca (= perro) se hunde poco a poco en una superficie negra (= estanque) y, junto con los rayos rojos (= carpas) que al instante surgen en perfecta geometría concéntrica, da lugar a la imagen de una maravillosa flor. Luego, como meros fogonazos a los ojos de Turek, todo sucede muy deprisa: invitado que intenta rescatar al perro del estanque; perro que —desquiciado y fuera del estanque con relativa rapidez— da un mordisco en la mano al invitado; dueño de la mano que —aún con el can enganchado— lo lanza describiendo una amplia curva contra la fachada de cristal. Persiana que empieza a bajar. Perro estampado contra la cristalera que se va deslizando como en las películas de Tom y Jerry para luego entrar en la casa dando tumbos; puerta que no lo reconoce (= demasiado pequeño) y que se cierra automáticamente al tiempo que la atraviesa el perro haciendo eses. Cuadrúpedo dolorido por el golpe en los flancos que se queda sentado y quietecito. ¿Se habrá hecho daño? No. Solamente está como una cuba; para empezar, suelta una caca en el mármol blanco.

Driessen está ahora dentro del Tesla, en el que se encienden y se apagan luces y suenan alarmas; una rueda se ha quedado en el aire. Encargado del mantenimiento (cabreado) que intenta sacar la mesa encajonada debajo del Tesla. Encargado cabreado metido en el estanque con botas de goma que intenta sacar los canapés de salmón reblandecidos de los filtros de aire con una caña de bambú partida. Anfitriona que estira mucho el cuello y le da voces a Driessen, con el perro en los brazos. Manchas marrones en el vestido. A su espalda, música a todo volumen e invitados pasándoselo bien, sin inmutarse por los acontecimientos. Turek se tambalea hacia el portón de entrada, luego ya no hay portón, solo existen la noche y el viento y un pino que se cimbrea y al que le crujen las ramas y a cuyo pie se queda un buen rato reposando. La humedad de la hierba rala. Tierra mojada. Por fin, el ruidillo inconfundible del motor de un taxi inusualmente viejo, con su rosario colgado del volante y conductor de los que no hablan. El brillo de las luces del taxímetro. La ciudad nocturna que pasa volando ante los ojos. El traqueteo del diésel al parar frente a la barrera: el último sonido del mundo insonoro en el que Turek se va a dormir.

***

Durante tres meses, todo fue bien. El *Financial Times* dedicó a Driessen el elogioso apodo de «Mr. Smart City». Salió en las portadas de varias revistas acompañado de la palabra «Futuro»: Driessen a la puerta de su casa, con un robot de ojos redondos frente a la Smart City Tower, en África con un gorila. Turek lo vio una tarde, casi de noche, con la mujer de Berenkov. Driessen estaba de un humor excelente y le subió el sueldo. Tiempo después, un coche automático atropelló a un hombre a la entrada de la ciudad.

Los periódicos volvieron a sacar a Driessen en sus primeras páginas, esta vez con titulares menos halagüeños. Cuando Turek pasó por el lugar del accidente, se encontró con una manifestación pacífica ciudadana, cientos de personas habían colocado velas encendidas. Turek casi había olvidado aquel olor, un olor a Navidad y a tardes frente a la chimenea y a momentos de los que no quería acordarse. Recibió llamadas de periodistas hasta entrada la noche.

Que cómo estaba programado el coche. Que de quién era la responsabilidad. Que por qué el coche no había optado por chocar contra un muro. Que si realmente era cierto que los algoritmos siempre priorizaban a los ocupantes humanos de los vehículos... Turek, ya medio dormido, explicó al auricular que aquel trágico incidente era un caso aislado, que no se podía partir de aquel suceso para poner en tela de juicio la tecnología en su totalidad, y que los coches sin conductor, en general, eran más seguros que los conducidos por la gente. El reportero le contestó con un insulto y colgó. A la mañana siguiente, el titular rezaba LOS MUERTOS SOLO SON CASOS AISLADOS e iba ilustrado con una foto borrosa de Turek tomada por un radar; a saber de dónde la habían sacado. Una protesta a través de las redes sociales recogió quinientas mil firmas en veinticuatro horas. Unos cuantos opositores independientes prendieron fuego a varios de los coches sin conductor. El alcalde expresó su empatía con las preocupaciones de la población; hasta nueva orden, congeló todas las subvenciones que tenía concedidas la *smart city* berlinesa.

Driessen llamó a Turek hacia el mediodía. En tono frío y expeditivo. Despedido con efecto inmediato.

Al día siguiente, Turek entregó el Tesla y el iWatch de la empresa. Se sintió desnudo, pero bien. Pasó un par de días ocupado en recoger todas sus cosas del piso, que también era de la empresa. Las cajas de mudanza de cartón nuevecito que le proporcionaron también despertaron en él una euforia particular, una sensación de que se abría un camino nuevo. Al tercer día fue al *parking*, pasando por delante de las manchas que el fuego había dejado en el pavimento rojo teja de la calle bautizada como Shared-Space-Straße; la misma noche se habían apresurado a retirar los restos de los coches calcinados.

Allí estaba su viejo Porsche. Se había quedado sin batería. Para relajarse mientras esperaba al servicio de asistencia, Turek se puso a buscar algo en Google, y su mirada fue a fijarse en la indicación de tiempo en pantalla: a las diez de la mañana y aun estando en el paro, ya había pasado tres horas y veintiún minutos mirando el móvil. Productividad: veintiséis minutos. Redes sociales: nueve minutos. Safari: dos horas y cinco minutos. *Mail*: veinticuatro minutos. Desde que estaba sin trabajo no había soltado el móvil ni para ir al baño, pues también en los cafés se lo llevaba y se quedaba sentado en la taza leyendo mensajes y correos hasta que le aporreaban la puerta. «Datos de tiempo en pantalla de los últimos siete días»: de media, cinco horas y dos minutos al día, más que de costumbre. En conjunto, había dedicado a buscar cosas en Google doce horas, medio día por semana; el doble de cuando no tenía vacaciones. Seis horas a leer el correo electrónico. ¿Acaso antes se pasaba uno seis horas semanales leyendo cartas? ¿Y escribiéndolas? Eso tal vez sí. Suponiendo que viviera cuarenta años más, el cómputo final de su tiempo de pantalla el Día del Juicio, fecha de balance de una vida desaprovechada, no vivida, echada a perder, sería de 58.240 horas, es decir: 2.426 días, es decir: 346 semanas, es decir: 6,6 años tirados por culpa del móvil, teniendo en cuenta que hablando por teléfono habría pasado 21.120 horas... es decir: más de tres años al teléfono. Si lo raro era que no le diese a uno un tumor cerebral o cualquier cosa por el estilo provocada por la radiación. A través de las rejas de la fachada del *parking*, Turek contempló la ciudad nueva, que parecía como muerta.

El Porsche polvoriento arrancó enseguida. Turek abrió la capota y salió de allí como una bala para recorrer calles entre rascacielos y accesos a la autovía, vio puentes de hormigón y luces parpadeantes, prestó oídos al ruido del motor al pasar por un túnel, pues se notaban todos los conductos faltos de aceite, le ardieron los ojos al salir al aire caliente del verano, impregnado de contaminación. Aparcó delante de un bar. Un hombre le dijo que le recordaba a Harald Juhnke. Turek lo miró consternado, y eso que el hombre pretendía hacerle un cumplido. Se tomó tres cócteles de vodka con champán. Esa tarde, cuando quiso leer sus *mails*, no pudo acceder a la cuenta de correo. También habían desaparecido sus fotos. Las fotos de Aura... los mensajes de Sara... Deberían estar todos en la nube, pero no podía acceder a la nube. ¿Sería posible que estuvieran desvinculándolo de todo hasta ese extremo?

La *hotline* del servicio técnico lo transfirió a un *call center* de la India. Al cabo de diez minutos de espera, con una versión instrumental de la lambada de fondo, le atendió un operador.

—*Hello?*

—*Hello! I can't understand you.*

—*Hello?*

Se perdió la conexión.

—¡Mierda! —exclamó Turek.

Le llegó un mensaje al teléfono.

Detrás de él, su nevera emitió una especie de mugido.

¿Acaso había una IA extendiéndose por todos sus dispositivos como la carcoma que devora los árboles, desde el móvil hasta sus fotos de la nube, su correo electrónico y su casa?

Turek desenchufó la nevera que, de todas formas, ya no contenía más que un tarro de pepinillos a medias.

Aquella noche no paró de dar vueltas en la cama y tuvo unas pesadillas espantosas que siempre desembocaban en que todo lo que alguien hubiese hecho, dicho o escrito alguna vez era accesible al mundo entero a través de internet.

***

El día que echaron a Turek del trabajo, Aura estaba en su casa de Tarnac. Tres niños pintaban en el cuarto de al lado, ella les había dado un pliego grande de papel y allí estaban los tres con sus pinturas, parloteando... en alemán y en francés, sin importarles a ninguno que no se entendían. Al poco, Aura oyó sus piececitos descalzos sobre el suelo de madera, sus risas... «¿Crees que se enfadará?», «No, creo que no... ¿Se lo enseñamos?», «Claro, enseguida lo va a ver...». A continuación aparecen los niños: desnudos, y en lugar de pintar el papel se han pintado ellos con pintura blanca y negra, grandes círculos blancos y negros.

—Somos osos panda —dice uno completamente serio.

***

El día que echaron a Turek del trabajo, Sara volaba de El Cairo a Doha. Los ingenieros habían presentado sus cálculos para la perforación del canal. Era más fácil y más barato de llevar a la práctica que el Gran Río Artificial de Muamar el Gadafi, que había sido un éxito hasta que lo bombardearon los norteamericanos y ya se armó el caos definitivo en el país. Los ingenieros también habían calculado la potencia de la central hidroeléctrica que se instalaría en el punto de entrada del agua; habría energía como para dar y tomar. El emir tenía interés en financiar el canal, pues eso limitaría la supremacía de los chinos, que ya habían anunciado la construcción de numerosas fábricas alrededor del nuevo mar. Los economistas habían calculado que la región podría alcanzar el nivel económico de Silicon Valley. El gobierno de El Cairo había captado la magnitud de las subvenciones internacionales que les concederían si sabían vender la construcción de aquel canal como un plan de salvación del planeta... Egipto sacrifica una parte muy considerable de su territorio como remedio para paliar la subida del nivel de los océanos y auxiliar así a millones de personas, abocadas a perecer bajo las aguas de Venecia y Ámsterdam y Nueva York... Ahora bien, los beduinos no daban su brazo a torcer; intentaban que progresara la construcción de la central nuclear, y habían mandado publicar unos cálculos según los cuales Europa entera podía ser engullida por una capa de lluvias perpetuas, y, además, al convertir el Sáhara en una zona verde, los vientos que soplaban desde África hasta el Amazonas por encima del Atlántico dejarían de transportar minerales, lo cual tendría consecuencias fatales para la flora de la selva lluviosa de allí... Por otra parte, todo aquello eran argumentos muy particulares y retorcidos, casi pura especulación.

***

El día que echaron a Turek del trabajo, Driessen viajaba en un avión a San Francisco. Iba escribiendo un mail a Alina: «Querida Alina, he estado pensándolo mucho —mentira, pues lo que pasaba es que se había cansado, solo que sonaba más amable lo de «pensárselo mucho»—, lo nuestro ha sido muy bonito y realmente muy especial —esto sí era cierto, ella lo había amado de verdad; Driessen se sintió un poco conmovido y se pidió otro zumo antes de seguir escribiendo—, pero en ti veo también a la madre de un niño y a la esposa de un buen hombre que trabaja muy duro para que a su familia no le falte de nada» (sí que es conmovedor el tipo, unos madrugones que se pega con la camioneta para ir a reparar las instalaciones con todo el frío y tal... pero bueno, es ruso, así que estará acostumbrado a esas temperaturas).

Por ello le pedía que, de momento, dejaran de verse, pues a pesar de quererla mucho, no llevaba nada bien que desatendiera a esa criatura, a ese niño tan maravilloso que se quedaba solito en casa para que ella pudiera estar con él, un hombre que además era claramente mucho mayor... y que, por consiguiente... No, no, ahí se estaba liando, borrar, borrar... Punto, frase nueva... Y ahora, para colmo, había derramado el zumo, aunque menos mal que había caído a los pies del memo del asiento vecino y no sobre su teclado... «¡Ay, ay! Lo siento mucho, perdóneme, si es que con estas mesitas diminutas... ¡Y eso en *business*! Voy a llamar a la azafata. ¿Se ha mojado usted? ¡Vaya por Dios, cuánto lo siento!».

A ver, que por un poco de zumo de tomate en los zapatos tampoco se va a morir, o no pretenderá que le limpie los zapatos, ¿no? Los típicos zapatos ingleses con puntera calada... Pues qué le vamos a hacer si se le ha metido el zumo por los agujerillos... «¡Oiga, señorita! Mire, es que hemos tenido un pequeño percance... Gracias». Vamos a seguir con el correo: «Eres una persona increíble y maravillosa, y este tiempo que he pasado contigo... —¿este tiempo... qué?— lo guardaré en mi corazón...». ¡Puuuf, si es que era un...! Quita, no, no, borrar. «Este tiempo contigo ha sido un regalo». Insertar: «precioso». ¡Ay, madre! Esto igual es peor. Lo cambio: «Siempre serás alguien especial para mí». Qué más da, ¡hala!, enviado.

Driessen respiró profundamente. En la pantalla del respaldo del asiento de delante, un estilizado avioncito rojo iba mostrando la ruta a modo de línea también roja sobre el mapa y avanzaba hacia San Francisco por los territorios del norte de Canadá. Abrió un archivo nuevo y empezó: «Querida Sara, desde que trabajas con nosotros he observado con gran admiración, con creciente admiración, cómo...».

En San Francisco se reuniría con dos inversores y luego, con los bolsillos bien llenos de dinero nuevecito, volvería y quedaría con Sara, y el asunto de Alina en nada estaría olvidado.

Con el marido de esta, no obstante, habría de toparse antes de lo previsto.

***

Berenkov había bebido más de la cuenta, tal vez demasiado, se le notaba mucho. Estaba en el bosque con la camioneta, al acecho. Vio a Driessen, autor de cierto mensaje que había llegado a las cuatro de la madrugada al móvil de su mujer, que dormía mientras él continuaba sentado en la cocina, echando cuentas para ver cómo pagar la casa y el colegio y las vacaciones con el niño... Vio a Driessen llegar al recinto donde estaba el edificio piloto, vio a Driessen estrechando la mano a unos hombres de negocios egipcios. Driessen entrando con gesto triunfal en uno de los coches sin conductor para dirigirse al edificio, a los otros caballeros subiendo al vehículo de al lado.

Berenkov metió primera, recorrió uno de los canales de desagüe de la ciudad, del que la camioneta salió como un hipopótamo cabreado de una ciénaga, metió segunda y enfiló a aquel huevo Kinder con ruedines y luces intermitentes; el ruso aceleró a 50, luego a 60 kilómetros por hora y su imponente máscara frontal embistió al huevecillo automóvil en perfecto ángulo de 90 grados; se produjo un impacto y un fuerte ruido, y Berenkov fue a dar de cabeza en los blandos *airbags* que se desplegaron desde su volante y desde las puertas laterales como una solícita cama fantasma.

Con el golpe, la camioneta había salido por los aires para aterrizar después sobre los amortiguadores cual gato que cae de pie desde cualquier altura, y luego, en lo que tardó en pegarse del todo al suelo, Berenkov vio al otro por los aires, como *a cámara lenta*: una cápsula espacial en su vuelo hacia el infinito y más allá, flotando sin gravedad, tornándose más y más pequeña hasta que dejó de verse a Driessen en el interior, con la boca abierta y en apariencia desdentada... y entonces se hizo una gran paz a su alrededor.

***

Al principio, Turek no hizo nada. Buscarse un piso en la ciudad antigua. Beber. Urdir planes de viajes que pronto descartó. Llamar a exnovias para quedar y luego cancelarles la cita en el último momento. A los árboles desnudos del patio primero les salieron hojitas verde claro y después lucieron un espeso follaje verde intenso; tumbado en la cama, Turek escuchaba los sonidos de la ciudad que se despierta y de los pájaros y de los empleados del camión de la basura que arrastraban los cubos con estrépito del patio a la calle y de vuelta. Luego empezó el calor, y los días de intenso bochorno acababan en tormenta sobre la ciudad, y la lluvia inundaba barrios enteros y se llevaba coches por delante.

Al final, Turek se puso a trabajar de nuevo. A desarrollar proyectos para una ciudad que se alzara sobre una granja de servidores y viviera de ella, una ciudad que se asemejara a un cuerpo cuyo torso sería la nave de servidores y del que saldrían las viviendas a modo de extremidades; y la cabeza serían edificios públicos y también tendría un gran pulmón verde que se desplegaría en el tejado de la nave, una especie de selva bajo una gran campana de cristal donde podría vivir la población excedente de gorilas... ¡Eso sí que causaría sensación! La primera selva artificial con animales en peligro de extinción

auténticos, surgida al calor de los datos y las operaciones de la red, con la energía de una naturaleza de nueva índole... Una ciudad así sería increíble... Turek trabajaba hasta que le dolía el cuerpo de trabajar.

Acabó poniéndose enfermo. Los médicos le diagnosticaron una arritmia. A finales de agosto, mientras la tormenta arrancaba las hojas exhaustas por el tórrido verano y una lluvia fría golpeaba las ventanas polvorientas, sufrió un colapso en el descansillo de las escaleras de su casa y lo ingresaron en Cuidados Intensivos. Allí pasó muchos días. Durante un tiempo se dijo que le quedaba poco de vida, pero Turek no tenía tiempo para ocuparse de la muerte, sino que seguía trabajando con su iPad y mandando mensajes, y entonces la muerte se hartó y, ofendida, decidió acabar con él más pronto que tarde, pero Turek resultó ser correoso hasta un extremo inaudito, así que la muerte lo dio por perdido y se retiró de su lado.

Cuando hubo terminado sus bocetos, Turek llamó a Mario Pantani. Pantani construía centros de cálculo para una empresa de Nevada y necesitaba a alguien que trabajase allí, alguien con ideas, según le había dicho él mismo. Pues *voilà*: ahí tenía la idea.

Quedaron en un bar. Pantani vestía con pantalón blanco y camisa azul claro, y tenía todo el aspecto de quien ya está por encima de cualquier cosa fastidiosa de la vida. Pidió dos *pisco sour*, examinó los planos de Turek y luego le puso un brazo sobre los hombros y lo sacudió con ganas, diciendo: «Esto es realmente bueno, amigo». Cierto es que se comportaba como esos tipos que salen en los vídeos de surfistas, pero le dio trabajo: Turek iría a Nevada a ver si era factible reconvertir el *data center* que Pantani tenía allí en una ciudad.

DESIERTO

Aún era verano cuando Turek llegó al TRIC. Saliendo de Reno, había tomado la Interstate 80 en dirección este y, desde la autopista, había visto el Truckee River, que fluía centelleante hacia el oeste entre colinas devastadas por los incendios, e intuido las montañas que apenas se distinguían por el resol que lo bañaba todo. Al cabo de veinte minutos aparecieron, a su derecha, las interminables naves de la granja de servidores. Aparcó el Tesla que había alquilado y abrió la puerta del conductor, una bofetada de aire caliente sacudió el interior del vehículo, climatizado a diecisiete grados. La sensación de Turek fue como si le enchufaran un secador de pelo en la boca.

Hacía tanto calor que hasta los escorpiones y las serpientes de cascabel se habían refugiado en la sombra de las piedras. Un viento ardiente levantaba el polvo hasta los ojos y los pulmones, el sol abrasaba la piel. El brazo derecho, que Turek había llevado por fuera de la ventanilla del coche desde Reno, se le había puesto del color de los cangrejos. Los cactus parecían figuras calcinadas, consumidas por el *shock* en medio del desierto rocoso, con los brazos en alto, como quejándose de su destino a quienes llegasen hasta allí: «Mirad lo que nos habéis hecho...». Habían perdido hasta el último ápice de su color verde; en realidad, allí no existía más que un único color, el color del polvo y de un calor que lo tornaba todo arena que se llevaría el viento. La cara de Turek no era ninguna excepción en aquel panorama, desde las primeras horas había adquirido la tonalidad gris desvaído que caracteriza ese universo del desierto donde todo tiende a lo inorgánico. Guiñó los ojos varias veces. En la frente se le formaron unas perlas de sudor que al instante se evaporaron por el calor seco. Los terrones de sal del camino se deshacían al pisarlos, y bastaba con caminar unos metros para que se le hinchasen a uno los pies.

Se instaló en el *bungalow* dispuesto para él en un contenedor. Unas semanas después llegarían los ingenieros, así que hasta entonces tenía tiempo. Dos de las naves ya estaban en funcionamiento, la tercera se terminaría en pocos meses. Al final de las tardes, cuando el calor resultaba más soportable, los vigilantes de seguridad se sentaban a la entrada del edificio de servicios a tomar cervezas que sacaban de una nevera portátil y a pavonearse de sus respectivas flexiones y dominadas. Turek se quedaba a cierta distancia en una vieja tumbona de plástico medio derretida por el calor y trabajaba en sus cálculos. Los vigilantes se acostumbraron a él. Llevaban los brazos tatuados y la nuca rapada con la máxima precisión, y uno de ellos también tenía tatuajes en las pantorrillas: unas serpientes que parecían salirle de las pesadas botas reptando hacia arriba, y a ellas se sumaban, en la pierna izquierda, el árbol del bien y del mal con Adán y Eva delante, y luego Thor en la derecha, de manera que, cuando cruzaba las piernas, Thor se echaba encima de Adán, y pronto bañaba aquella lucha titánica entre lo cristiano y lo pagano un chorro de sudor. El tipo se había afeitado brazos y piernas para tatuarse, o quizá nunca había tenido pelo; en cualquier caso, todo su cuerpo era liso como la superficie de un iPad: reflejado en la pantalla de su móvil, parecía ser de cobre, hierro y aluminio, paladio y platino, galio y cobalto.

Los vigilantes hablaban poco. De vez en cuando, uno se levantaba y encendía el foco de búsqueda de su todoterreno y salía a hacer una ronda hasta la entrada de la carretera y por fuera de la valla y a lo largo de la nueva Nave 3 hasta los generadores diésel, y el otro encendía una tele que tenían debajo de las pantallas de las cámaras de vigilancia. Veían vídeos de persecuciones por carretera rodadas desde un coche de policía o concursos o programas de esos en los que alguien quiere pedir perdón por algo o adelgazar o reencontrarse con el amor de su vida. Cuando Turek aparcaba el Tesla al lado de ellos, lo miraban sin decir nada, como a un elemento que no pegaba nada en medio del desierto y que haría mejor en desaparecer. Habían renunciado a entender qué hacía Turek en la granja de servidores; sabían que trabajaba para la empresa propietaria del polígono entero, tenía su pase acreditativo y el resto les daba igual. A veces lo veían por las pantallas de las cámaras de vigilancia de la Nave 1: parado, con la pierna izquierda adelantada, el brazo derecho en la cadera, ensimismado en la contemplación de los *racks* de servidores envueltos en su luz azul.

Al cabo de dos semanas, Turek recibió un mensaje de Sara. Después del accidente de Driessen, se había hecho cargo ella del proyecto de Qattara y ahora tenía que reunirse con el inversor de San Francisco por el tema de la perforadora que haría el canal a través del cual llegaría hasta el desierto el agua del Mediterráneo (los egipcios se negaban en redondo a que ahí participasen los chinos, por eso). Sara tenía unos días de vacaciones y había alquilado un coche para reunirse con una amiga que se dedicaba a unos experimentos muy misteriosos en una comuna del desierto, así que, como quien dice, pasar a ver a Turek le pillaba de camino.

Unos días más tarde, Turek vio aquel coche subiendo por el camino de gravilla. Sara lo abrazó como abrazan a un hermano perdido en las series de Netflix. Ahora llevaba el pelo corto con unas mechas verde fosforito, y Turek le preguntó qué opinaban de aquello los promotores de El Cairo, y Sara le respondió que nada, porque allí siempre iba con pañuelo. Por la noche, se sentó en la posición del loto en la tumbona de plástico a tomarse una cerveza y le dijo a Turek que aquella nueva vida suya le parecía un horror. Le propuso pasar el fin de semana juntos en Pyramid Lake.

Salieron a la mañana siguiente. Fueron en el coche de Sara, porque les daba miedo que el Tesla no resistiera el viaje... Si te quedas tirado en medio del desierto con un coche normal, al menos puedes conseguir gasolina en alguna parte, pero como necesites un punto de recarga, lo llevas claro.

Pasaron por algunas ciudades pequeñas y en una gasolinera compraron unos sándwiches envueltos en plástico y unas cocacolas y agua. Había empezado la estación seca y los aspersores de los jardincillos de los chalets luchaban con su histérico *ps, ps, ps* contra el marrón agostado que avanzaba desde las colinas.

A la puerta de un concesionario de coches vieron unos cuantos camiones aparcados; sus gigantescas rejillas frontales brillaban al sol de la mañana como una interminable valla de cromo: un bastión del viejo mundo, motores de combustión bajo un metal pesado... Sara aceleró y encendió el modo automático para ir por la autopista; a continuación, apoyándose un momento en los brazos, subió las piernas de los pedales y al instante estaba sentada en la posición del loto frente al volante, como una estatua de Buda en el asiento del conductor, como si se hubiera desvinculado por completo de la conducción del vehículo; solo de cuando en cuando pisaba muy suavemente el freno, como quien mete un dedo en el agua para comprobar la temperatura.

Turek siguió aquellas maniobras con la calma de quien está familiarizado por completo con cualquier forma de tecnología. En efecto, el coche parecía saberse el camino él solo, tomaba las curvas con suavidad, aquí y allá bastaba con corregir un poco el volante. Sara había pasado la mano izquierda por debajo del pie derecho, como si pretendiera tirar de su propio cuerpo en una especie de gesto de magia. Un mechón verde le caía por delante del ojo formando un sugerente contraste con el ordenado cabello de la nuca, liso y muy cortito; era como si el flujo de sus neuronas, la forma imposible y caótica en que funcionaba su cabeza, se tradujera también en el exterior.

Habían parado a echar gasolina en una localidad que lleva el extraño nombre de Gerlach Empire y donde, más avanzado el verano, tendría lugar el Burning Man Festival. Al sacar la boquilla del depósito, a Turek le había goteado la gasolina por el brazo y el pantalón, y también al iWatch le había caído alguna gota, estaba pegajoso y olía a combustible. Intentó limpiarlo con el agua del limpiaparabrisas.

Del lago vieron poco. Hacía tanto calor que pasaron la mayor parte del tiempo a la sombra, como lagartos aplatanados en un borde de la piscina del hotel, en la que solo se metieron un par de veces. Al mediodía se retiraron a la habitación, que estaba fresca gracias a unas gruesas cortinas de lona engomada, con visillo amarillento, y un ruidoso aparato de aire acondicionado. Turek, que se había quemado, se acostó en la cama al lado de Sara con el iPhone en la mano. Se iba poniendo una parte del cristal frío de la pantalla donde le dolía la piel, y al final se la puso en la frente. En esa posición se quedó dormido y, cuando se despertó porque empezó a vibrar el teléfono, el sol ya estaba muy bajo.

Cuando refrescó un poco, salieron de la habitación y abrieron todas las puertas del coche, cuyo interior olía a plástico chamuscado. Fueron a visitar los petroglifos de Winnemucca, unas rocas en las que, hace catorce mil años, alguien grabó unos extraños patrones y círculos y olas.

Nadie sabía lo que significaban aquellos grabados, sobre ellos circulaban toda suerte de teorías conspirativas en las que se mencionaba a los extraterrestres, aunque los signos tal vez no fueran más que indicaciones de rutas, marcas geográficas, recuerdos destinados a perdurar en un mundo futuro que ya no sería capaz de leerlas, una especie de servidor prehistórico, la nube de la Edad de Piedra...

En el trayecto de vuelta adelantaron a dos tipos con chaquetas militares verde caqui que iban en un antiguo camión del ejército pertrechados con palas, picos y cinturones para armas. Desde hacía cierto tiempo, no solo rondaban por aquellos pueblos del desierto los *hippies*, sino también lo que llaman *preppers*, gente que se prepara para sobrevivir en caso de que estalle una guerra civil o haya una invasión rusa o china o se active la falla de San Andrés o se extienda por todo el continente americano una gran epidemia... o todo a la vez. Por si se dieran tales circunstancias, los survivalistas ya tenían refugios subterráneos excavados en el desierto, así como anillos de defensa y arsenales de armamento ilegales que no habrían de servirles de mucho en caso de ataque nuclear de los rusos, pero sí contra los refugiados que llegaran al lugar y con quienes no dudarían en matarse por los últimos recursos no radiactivos; para esa batalla era la preparación.

En los días siguientes, las temperaturas alcanzaron los cuarenta grados. Turek no quiso salir de su bien refrigerado *data center*, Sara se fue a Arcosanti a ver a su amiga, que trabajaba en la fábrica de campanas de una comuna ecofuturista fundada en los años setenta. En su día, los de la comuna se daban al sexo en grupo y a las drogas, financiadas gracias a la venta de sus campanas de fabricación artesanal, pero actualmente —según contaba Sara— allí no quedaban más que las campanas y cuatro *hippies* de avanzada edad que explicaban a los *hippies* jóvenes cómo construir una ciudad de impacto cero en el medioambiente, pues se suponía que Arcosanti lo era desde siempre. Sara le envió a Turek una foto en la que se veía un arco de hormigón, debajo una niña pintando un círculo de tiza en el suelo y, al fondo, unas campanas colgando... tremendamente toscas, a decir verdad.

Cuando regresó, al cabo de unos días, traía un tatuaje de henna y el pelo de su color natural; venía depurada de todo elemento químico y que recordase al mundo digital. Turek le vio unos puntos oscuros en el brazo. Eran de una ceremonia que consistía en hacer unas quemaduras en la piel y aplicarles el veneno de la rana maki.

—Kambô —le explicó Sara—. Nos sentamos debajo de ese arco, y los chicos se pusieron a cantar y a llorar, y luego vino una chamana y nos puso el veneno de la rana maki. Penetra en el sistema linfático y te depura, y luego te sientes fuerte y bella.

—Tú ya eres fuerte y bella —dijo Turek—, y ya lo eras antes, para eso no necesitas que te churrusque el brazo ninguna loca de las ranas.

Detrás de ellos, los generadores de emergencia de la granja de servidores se pusieron en marcha, un control rutinario de su correcto funcionamiento. Se estaba poniendo el sol y los cactus se veían negros en el contraluz.

—No es ninguna loca de las ranas, es mi mejor amiga —dijo Sara—. Estuvo en Perú, en la selva. Allí conoció la magia kambô y la formaron como chamana.

Era su mejor amiga, pero, siendo sincera, Sara tenía que reconocer que a ella no le había entusiasmado la idea de que le hicieran agujeros en los brazos con un punzón al rojo vivo al son de los ruidos de la selva amazónica, y, de hecho, no terminaba de verle el sentido a que gente blanca de los países ricos pagase varios miles de dólares a los miembros de las tribus del Amazonas que habían inventado todo aquello para que los acompañaran a cazar unas cuantas ranas maki que después, de vuelta al campamento, ataban a una especie de cruz. Luego les daban golpecitos en la cabeza hasta que el pobre animal secretaba el veneno por la espalda.

«Típico de la civilización occidental lo de la crucifixión —pensó Turek— ahora también aplicada a las ranas del Amazonas».

—Primero te quedas que no oyes nada y luego te aceleras muchísimo —prosiguió Sara—. Y luego te sientes superpositiva.

Turek se sentía positivo sin necesidad alguna de crucificar ranas. Miró a Sara, que realmente estaba guapísima, y cuantas más chifladuras de aquellas practicaba, cuanto más kambô y más yoga se echaba al cuerpo, más lo estaba; irradiaba luz como una deidad india, aunque eso igual solo era un efecto de cómo le daba el sol del crepúsculo por la espalda. Turek solo la escuchaba a medias... Péptidos opioides como la dermorfina, la dermencefalina y la deltofina... antagonistas de los receptores opioides del sistema nervioso central... veneno... consciencia... lucidez... sanación...

Turek se estaba mareando. No había tomado suficiente líquido. ¿Sería una insolación?

—Mi amiga dice que se conecta con un eje ancestral que hoy en día hemos olvidado —decía Sara—. Así de sencillo.

Turek le dedicó una sonrisa un tanto boba; le vinieron a la mente los numerosos desguaces por los que habían pasado en su viaje... Allí sí que había ejes de otros tiempos para dar y tomar, pero Sara no estaba para bromas... La tenía frente a él, alta y guapísima... y furiosa, con sus quemaduras en el brazo; furiosa en parte con su amiga, que antaño era una persona divertida, política, anarquista y reina de todas fiestas y ahora se había convertido en chamana, y en parte con Turek, que no hacía más que burlarse de todo aquello.

—Tú —decía Sara—, tú eres el típico ejemplo de lo que el capitalismo hace con nuestro cuerpo. Te has vuelto rígido. Te escudas en esa condenada ironía tuya. Si alguna vez fueras a la selva...

—He estado en la selva. Con los gorilas... y contigo, por cierto.

—¿Pero *sentiste* la selva?

—Se me arrimó y todo —replicó Turek no poco orgulloso de ello—, por si tampoco te acuerdas de eso.

Sara lo miró a la cara. Entornando los ojos como para fulminarlo allí mismo.

—Pero para ti... —dijo—, ¿qué significa todo esto?

—¿Qué quieres decir? —preguntó Turek para ganar tiempo.

—Te he preguntado qué significa todo esto para ti.

—Pueees... —carraspeó Turek bajito.

—Quiero decir que, a veces, me da la sensación que no terminas de estar a lo que estamos los demás. No sé nada de ti. Mira, creo que mejor te dejo a lo tuyo con tu rollo tecnológico...

—No, no... pero cómo...

—Tú dale una pensada. Y me llamas cuando quieras.

A continuación se subió a su coche y desapareció.

***

Turek pasaba cada vez más tiempo en la granja de servidores. Pasaba horas sentado en el interior de las instalaciones, tomando notas en su iPad, escuchando el ronroneo de los *racks*, y no salía hasta la caída de la tarde, cuando la bruma difuminaba las colinas.

Decidió que sus visitas al mundo exterior fueran lo más cortas posible. Cuando no tenía más remedio que salir, guiñaba los ojos y aguantaba la respiración. El sol brillaba casi en ángulo recto sobre el desierto rocoso y se reflejaba en los parabrisas de los coches. De la arena salía un calor seco. Su móvil hizo un ruido similar a un mugido.

Una vez se despertó en mitad de la noche. A la luz de la luna, la pared blanca de la gran nave se veía gigantesca, lisa y blanca, y le recordó al muro de *Juego de tronos*. Se dio cuenta de

que había caído en la cama sin desvestirse y se había quedado dormido. Salió a la puerta. Ahora la arena estaba fría. A lo lejos se oyó el aullido de un animal, un coyote quizá; unas nubes se hicieron jirones en la luna. El Apple Watch le olía a gasolina.

Con la primera luz de sol que penetraba en su cuarto a través de la cortina de hule, Turek se levantaba y, cual vampiro deprimido, se iba volando al mundo de los almacenadores de datos; con cada hora que pasaba en el interior de la nave bañada en luz azul, el desierto se le hacía más hostil; durante el día no había quien pusiera allí el pie por el calor; de noche no era nada recomendable estar allí solo: había coyotes y pumas, de noche se los oía.

El mundo exterior ya no le resultaba natural, le parecía una sombra del mundo verdadero de dentro de la nave, una especie de cueva platónica al revés: la luz que entraba de fuera no hacía más que perturbar las verdades de aquel mundo de las sombras envuelto en resplandor azul. Solo percibió de refilón el lío que montaron los vigilantes de seguridad porque un buen día, en la fachada, coincidiendo exactamente con la O del rótulo «Smart Option», de pronto apareció un manchurrón amarillo oscuro, y ahora no se sabía si la O representaba un huevo frito o un ojo del mal, y la cuestión era de dónde habría salido la mancha; tenía todo el aspecto de ser fruto del disparo de una escopeta de *paintball* durante la noche, en el mejor de los casos habrían sido unos imbéciles del campamento de *paintball* de Fernely con ganas de probar su puntería allí; claro que también podía significar algo mucho más desagradable. A Turek le era indiferente, él seguía sentado en la sala de control de la nave grande trabajando en su proyecto. Sabía que las bombas de calor que había bajo las instalaciones de los servidores, en teoría, podían caldear hasta diez mil apartamentos.

¿No se podría utilizar ese calor tan tremendo resultante de la refrigeración para calentar invernaderos o piscinas gigantes o como sistema de calefacción de colonias enteras, de colonias tropicales, cada vez más verdes, creadas bajo grandes cúpulas de cristal? Turek escribía a Marianna a Ruanda, escribía a Sara, escribía acerca de nuevas ciudades con piscinas gigantes construidas directamente encima de los centros de cálculo y sobre robots asistentes y sobre selvas artificiales en los tejados de las granjas de servidores, nuevos Central Park a los que se podría trasladar esa población de gorilas que cada vez era mayor... Serían «gorilas de datos», la fusión definitiva entre tecnología y naturaleza, y sería una selva cuya fuente de calor serían las opiniones, *likes*, descargas, recuerdos...

Por las noches, Turek se subía al tejado de la granja de servidores y contemplaba las obras de la Nave 3, que se destacaba como una mancha oscura por delante de la silueta negra de las montañas. Su móvil proyectaba una luz azul sobre su cuerpo; era la misma luz de abajo, del interior de la nave. Tenía dos mensajes nuevos. Sara le enviaba una foto de ella sosteniendo en la mano una campana que parecía hecha por algún neandertal con una cachiporra en la Edad de Piedra. Detrás se veía a un tipo con rastas, sentado fumando algo. ¿Qué era aquello? ¿Sara se había cambiado de bando, había acabado entre esos reaccionarios de los permaculturalistas según los cuales el mundo ya no podía salvarse con más tecnología, sino con mucha menos, que predicaban la doctrina del «menos-de-todismo» y pretendían que el mundo retrocediera hasta antes de inventarse la tecnología moderna? El lugar de la foto ofrecía un aspecto espeluznante: rollo agricultura manual y cosas de lana mojada y fría y zanahorias descoloridas. Turek eliminó la foto. Vio el rayo y los relámpagos de una tormenta en el desierto, lejos. Se levantó un suave viento. En el móvil volvió a aparecerle el mensaje de «Tienes un recuerdo». Era el quinto en poco tiempo... Recuerdo, recuerdo... La tecnología que tenía por objeto tratar del futuro no hacía más que arrastrarlo a uno al pasado, arrancar imágenes al olvido, despertar lo dormido y reprimido; Facebook había empezado a imponer la reaparición de los nombres y los rostros escondidos en el subconsciente y el retorno de cuanto uno había hecho por dejar atrás de su propia vida en forma de «círculo de amigos»; mediante filtros de la cámara se le podía dar una pátina al presente y que pareciera antiguo, y no dejaban de aparecer esos «recuerdos»... ¿Pero quién le había metido esa sobredosis de nostalgia a la gente de Apple? ¿Por qué tanto recuerdo y tanto filtro sepia, tanta imagen en «Dramatic Warm»? ¿Pero qué industria del futuro era aquella que no paraba de apretar el botón de REWIND en lugar del FFWD? ¿Por qué el móvil, el único objeto que uno sentía como fruto del ahora, con sus superficies lisas, se comportaba como si fuera una radio de los años cincuenta o un álbum de fotos de cartón resquebrajado o una Polaroid de los sesenta? Cuanto más nuevas sean las cosas —había dicho Driessen—, más hay que insistirle a la gente que todo es igual que siempre. Tal vez fuera por eso.

***

Hay un hombre en el suelo de una nave industrial. Se ha caído desde un puente de acero que conduce a lo largo de una hilera de *racks* de servidores, a una altura de cuatro metros. Allí yace en espera de auxilio. A su teléfono móvil le queda un 86% de batería, pero no tiene cobertura. El hombre está solo en la nave. Desde el suelo, contempla las vigas que atraviesan el techo y tienen rejillas de ventilación. Se le ha dislocado la cadera, no puede moverse.

Al otro lado de las rejillas de ventilación se ve el resplandor del cielo. O tal vez no sea más que luz de neón azul. No, porque el tono de azul va cambiando, con lo cual tiene que ser un pedazo de cielo. Anochece. En las profundidades de la nave de servidores, el hombre oye el aullido lejano de un coyote.

Para tranquilizarse, el hombre se pone a leer sus mensajes de texto y después sus correos. Como sigue sin llegar la ayuda, se pone a mirar fotos; bajo sus dedos se deslizan los meses, los rostros, marcha atrás hacia los años pasados. Ahora está viendo el edificio piloto, el momento en que empezó todo.

¿Qué ha pasado?

***

Esa mañana, Turek había decidido ir a ver la Nave 3, la que aún no estaba terminada. Las obras casi habían finalizado, ya tenían instalados los *racks* de servidores y funcionaban en modo de prueba, lo único que faltaba era la tecnología de seguridad. El interior estaba a oscuras, se reconocía la sombra del puente que, como una gran espina dorsal colgante, recorría toda una hilera de servidores conectados con la sala de control, aún vacía. Turek había trepado por una escalerilla y se había asomado a las profundidades. Todos aquellos *racks* también estaban aún vacíos, a la espera; fríos y solemnes como una ciudad planificada en una mesa de dibujo en espera de sus primeros habitantes, del caos que habría de invadirla poco a poco, del calor, de los momentos y recuerdos y peleas y declaraciones de amor y documentos y mentiras que no tardarían en cargarse para ser almacenados allí. Era la granja de servidores más grande que existía, un cerebro de dimensiones que nunca se habían alcanzado antes. En algún momento, el contenido de todos aquellos racks de servidores se fusionaría para configurar una inteligencia enorme; aquella nave —tal vez a través de la boca sonriente de un androide, tal vez como simple chatbot— nos hablaría y lo sabría todo, lo comprendería todo. Aquello, pensó Turek, presa de un sentimiento de devoción ante la infinitud del espacio, casi era una suerte de divinidad. Lo que había pasado después no lo recordaba; debió de ceder alguna parte de la barandilla... en el último instante antes de estamparse contra el suelo había conseguido agarrarse a un manojo de cables que se arrancó con un chispazo de donde estuviera enchufado y vertió sobre él una lluvia de chispas más pequeñas. A eso le había seguido un tremendo golpe y un largo rato de oscuridad, y a eso, a su vez, un dolor muy agudo; y ahora se encontraba cabeza abajo en una especie de garganta entre dos torres de servidores, con las piernas hechas un nudo muy raro, como un muñeco lanzado a un rincón por un niño enrabietado. Se palpó una herida en la nuca. No era un corte profundo, pero sangraba profusamente. Las piernas podía moverlas, pero la izquierda estaba en un ángulo antinatural y se le empezaba a hinchar como un globo. En los brazos no le había pasado nada... ¿Seguro que no? La cabeza le palpitaba, pero por lo demás parecía indemne. Intentó recuperar la vertical. En su particular postura de cangrejo, se arrastró de lado unos metros hasta el lugar donde había aterrizado su móvil, miró la pantalla negra y lo que vio fue su propia cara maltrecha; el reconocimiento facial ya no funcionó, el algoritmo no reconoció a su propietario. Lo desbloqueó con el código y abrió la cámara en modo selfi para examinar las heridas que notaba en la cara. Alguna pieza de metal que sobresalía en alguna parte le había hecho un corte en forma de signo de admiración en la sien, las mejillas estaban cubiertas como de residuos de pólvora, eso debía de ser fruto del cortocircuito provocado al arrancar los cables. Intentó recomponerse un poco y pedir auxilio. El móvil no tenía cobertura, era inútil pretender hacer una llamada en aquella nave. Tampoco gritar serviría de nada, los vigilantes de seguridad solo patrullaban por las fronteras exteriores del polígono, y además iban en el *jeep* y oyendo música a todo volumen, de grupos con nombres como Anthrax y Testament y Slayer y Sodom y Annihilator.

Turek miró la hora. Eran las nueve y media. Se acordó del fin de semana con Sara, y de cómo, en la piscina del hotel, le caía el pelo verde neón sobre la cara, como unas algas futuristas, y también de cómo le había apoyado la cabeza en el vientre para contemplar el cerco que el cielo brumoso y sin color formaba alrededor del sol, y de cómo su cabeza había sentido el latido del vientre de Sara, y del sabor a cloro de su boca. Luego notó el sabor de su propia sangre, que le caía desde la sien por la mejilla y hasta los labios. Ahora le palpitaba el interior del cráneo con más fuerza, aunque igual no era más que el corazón lo que palpitaba. Se limpió la sangre con una manga y se arrastró unos metros más para entrar en el campo de visión de una cámara de vigilancia. La cámara estaba colgada por encima de los servidores, negra e insobornable. Se puso a agitar los brazos ensangrentados frente al objetivo, cual soldado que comunica su capitulación, pero las cámaras aún no estaban conectadas; aquello no tenía ningún sentido, tenía que arreglárselas por sí mismo para salir de allí. Sara estaría en la fábrica de campanas con sus *hippies*, fumando hierba en algún anfiteatro. Marianna estaría en alguna parte de la frontera de Ruanda, contemplando el lago Kivu envuelto en las nieblas del amanecer y las colinas verdes que se esbozaban en la orilla opuesta, ya perteneciente al Congo, y más lejos, en la selva, habría un gorila correteando entre los matorrales sin saber que le habían puesto el nombre de Alexander... aunque eso casi era mejor.

En cierto modo, también Turek se hallaba en una selva, lejos de toda civilización, en una zona del desierto casi despoblada, perdido en una impenetrable jungla de cables y datos.

En la incomodísima posición que le imponía la pierna rota, trató de subir los peldaños de la escalera que llevaba hasta el puente, pero fue más difícil de lo que había imaginado. Agotado por el esfuerzo, perdió el equilibrio a mitad de camino y se volvió a caer. Consiguió reprimir el pánico en aumento. Tenía la garganta seca. La pierna estaba rota, sin lugar a dudas, y el brazo posiblemente dislocado. Soltó una breve carcajada, la situación era demasiado absurda como para considerarla de verdadero peligro... Mira que verse allí tirado, en el corazón de la comunicación global, rodeado por la totalidad de la información del mundo, en un puro mar de mensajes almacenados en tiempo real... y en medio de aquel mundo de los servidores, aséptico, habitado únicamente por algoritmos, virtual e incorpóreo, percibía la fisicidad del dolor con una fuerza especial: la pierna le sangraba, tenía hematomas del golpe, se le movía un diente...

Alguien iría a por él. No iba a morir allí, en aquella nave tan peculiar, tan amorfa, en mitad de la nube, entre todos aquellos mensajes y procesos de búsqueda almacenados, sin conexión a la red.

***

Debió de pasar mucho rato durmiendo, pues cuando volvió a mirar la hora solo le quedaba un 68% de batería. Su reloj marcaba las 18:17.

¿Pero cómo había sido? Se le había ocurrido mirar hacia arriba. Ojalá hubiera mirado hacia atrás, porque ahí estaba suelta la barandilla. ¿Y luego? Se había caído. De espaldas. Mala cosa, aunque también hubiera podido hacerse más daño; según creía, solo se había roto la pierna, aunque también la cadera...

¿Qué había sido eso... algún animal? Había oído como un murmullo... ¿Una rata? ¿Un zorrito pequeño? En realidad no había visto nada, tan solo había oído el ruido... en realidad también podía ser algo más grande.

—¿Holaaa?

En algún momento, los vigilantes de seguridad tendrían que darse cuenta de que había desaparecido. Por otra parte, su Tesla estaba en Reno, en el taller, así que también podían pensar que se había ido con Sara. A decir verdad, su situación no era mejor que si se hubiera perdido en el exterior, en medio del desierto. Al menos, las heridas comenzaban a cicatrizar, en la frente se le había formado ya una ligera costra. Se arrancó un coágulo de sangre seca de la ceja y lo aplastó contra el suelo. Ahora tenía sed. Sin agua se puede sobrevivir unos días, pero en condiciones extremas, sudando mucho, se pierde hasta litro y medio de líquido por hora, con lo cual incluso se reduce el volumen de la sangre, la tensión arterial cae y se queda uno inconsciente... Eso sí que no, no me puedo desmayar, pensó Turek. No me puedo quedar dormido. De nuevo intentó subir por la escalera, pero esta vez fue capaz de avanzar más de cuatro peldaños. Movía la pierna como si no perteneciese a su cuerpo, tirando de ella con las dos manos para levantarla. En la oscuridad de la nave distinguió un charco hacia el que se abalanzó como un gorila, apoyándose principalmente en los brazos y arrastrando después el resto del cuerpo. Mojó un dedo en el líquido y se lo lamió; era un agua fría, con cierto sabor a moho... habría entrado por alguna gotera del tejado. Con cautela, arrimó los labios al charco y bebió. Cincuenta y seis por ciento de batería. Apagó el móvil. No le quedaba otra que esperar hasta que vinieran a socorrerlo. Empezó a experimentar brotes de fiebre. Se levantó agarrándose a uno de los *racks*, se tambaleó y volvió a caer al suelo cuan largo era. Se le había retorcido el brazo de una forma muy rara, sintió como si se le desprendieran las manos. Boca arriba, contempló la perspectiva de los *racks* de servidores como una calle estrecha de una ciudad. Los pilotitos de las máquinas titilaban siguiendo patrones rítmicos indescifrables; Turek se acordó de la solemnidad de las luces rojas de los rascacielos de Tokio en el justo momento que precede a la salida del sol y la visión del Monte Fuji cubierto de nieve a la luz del crepúsculo.

Se acordó de Aura. Se acordó de los tatuajes que llevaba el vigilante en las pantorrillas, Thor y Adán, uno encima del otro. Se acordó de Sara. Luego se acordó del robot que le habían regalado por su quinto cumpleaños, un juguete metálico japonés con ruedecillas de hojalata que traqueteaba con paso frágil para ir a su encuentro. Antes, los robots venían hacia nosotros, luego se fueron pegando a la persona cada vez más, primero en forma de teléfono móvil, *smart watch* y rastreador del sueño, se fusionaron con las superficies de nuestro cuerpo, pensó Turek, y luego nos engulleron. La *smart city* no era sino un robot descomunal, un organismo tecnológico por el que las personas se movían como glóbulos transportadores de información, y también la granja de servidores era uno de esos robots que, al parecer, se lo había comido e intentaba digerirlo, ahora que, allí tirado, no podía exprimirlo más para sacarle datos. Turek se acordó de los petroglifos que había visto, aquellas extrañas runas y círculos, intentó recordar cómo eran y empezó a ver códigos de programación superpuestos a aquellos símbolos, le ardía la frente, vio un fogonazo y el rostro de Aura, vio cómo se abría una grieta en el techo y cómo el azul de la noche del desierto se solapaba con la luz azul de los *racks*, y luego empezó un baile abstracto entre los patrones de programación y las runas, y luego lo envolvió la oscuridad total.

***

¿Estaba soñando? ¿O solo había dormido mucho? Estaba bajo un cielo muy vasto y muy azul. A bordo de un velerito de remo, tumbado en el suelo. Había gaviotas planeando por encima del mástil. Aura estaba sentada detrás de él y le sonreía. Él la miró desde abajo, como un niño cuando le leen en voz alta por la noche, y, desde aquella perspectiva, la barbilla de Aura parecía una narizota adorable. Al ponerse de pie, vio a lo lejos la Plage de l'Aiguille y las rocas de Théoule-sur-Mer. De repente, suena un trueno a lo lejos. El barco hace un movimiento brusco y empieza a deslizarse sobre el agua, como si una fuerte ráfaga de viento azotara la vela, pero la vela estaba plegada, y también el foque colgaba lánguidamente del mástil. Sin embargo, la pequeña embarcación acelera como un velero de carreras, la cesta de pícnic y el libro de Aura salen volando y caen al agua, Turek tiene que agarrarse a la borda con las dos manos para no acabar lanzado por encima, ven otros barcos acercarse a ellos, también a toda velocidad; enfriadores de champán y bufés de langosta por los aires, millonarios rusos con gafas de Gucci cayendo al mar entre chillidos, un crucero se estampa contra la muralla del puerto... Al instante siguiente, Turek se encuentra en medio de un escenario, en bañador, y tiene que explicar a la prensa congregada allí por qué un problema de conducción del canal de Qattara originaría tan impredecibles marejadas y marejadillas en todo el espacio del Mediterráneo.

***

Se despertó al oír voces. Necesitó un momento para recordar dónde estaba. Las voces —como constató cuando su cabeza logró salir de la maraña de imágenes febriles y acciones medio soñadas y sus oídos establecieron la conexión con el mundo real (si es que podía llamarse así a cuanto lo rodeaba)— eran de personas que no conocía. Y tampoco estaban llamándolo a él, más bien era como un susurro. Obviamente, no eran los vigilantes de seguridad, porque esos habrían dicho su nombre bien fuerte, y él reconocía sus voces roncas aun cuando susurraban. Estas voces eran diferentes, y a medida que se le acercaban también había más luz. Turek abrió un ojo, una ranurita del ojo que se le había quedado pegado, en el momento en que lo apuntó a la cara el foco de una linterna. Por detrás del foco emergieron dos cabezas que no pertenecían ni a los operarios de la zona ni al personal de seguridad. Turek distinguió a un tipo con barba y *piercings* y a una mujer.

—Está herido —dijo la mujer.

El hombre palpó el cuerpo de Turek como cuando se comprueba si un animal atropellado sigue con vida.

—Tenemos que sacarlo de aquí.

Turek intentó decir algo, pero solo consiguió emitir un gemido ahogado. Los dos lo miraron descorazonados.

La mujer dio unos toquecitos a su reloj con el dedo índice.

—Rápido. Nos tenemos que ir.

—Pero cómo vamos a dejarlo...

Ella miró a Turek a los ojos y sonrió.

—Volveremos.

Turek quiso llamarlos cuando le dieron la espalda, pero no le salió la voz. No podía moverse ni un milímetro.

Allí tirado está ahora, entre todos esos datos, mirando al techo, sintiendo el calor... se arrastra malamente unos metros y llama y grita, pero en esa nave no halla eco ni la campanita de un mensaje. El ordenador lo ha engullido, se lo ha tragado un ordenador que aún no es más que la carcasa, el cerebro aún no funciona, todavía está muerto... Eso pasaba con aquellos cerebros: no es que *ya* estuvieran muertos, sino que *todavía* estaban muertos. ¿Se lo había comido la *smart city*, y hasta lo había digerido ya, de modo que al final no quedara más que un esqueleto como los del exterior, los del desierto? Una granja de servidores que aún no está conectada a la red es un desierto, es el laberinto más duro que se pueda imaginar... y el más mortal. Un desierto en espera del riego en forma de datos.

Pensó en Aura, en cómo viviría con ella en el desierto... Tendrían una moto... y niños con los que jugar, y construirían cabañas con arbustos secos, y por las noches habría zorritos correteando por el desierto, y él les leería en alto a esos niños que contemplarían su barbilla desde abajo...
Lo encontraron siete días más tarde. Agarrando el móvil.

El Apple Watch Series 4 *controla tu corazón una y otra vez a lo largo del día, de modo que puedes consultar tu frecuencia cardiaca en cualquier momento y seguir tu rendimiento de cardio. Además, te notificará si tu frecuencia cardiaca es excesivamente alta o baja, aunque no percibas ningún síntoma. Tu Apple Watch está pendiente. Para que no tengas que estarlo tú.*

Un aumento o descenso de la frecuencia cardiaca puede ser indicador de una enfermedad grave. Sin embargo, muchas personas no reconocen sus síntomas, y así es habitual que tampoco puedan diagnosticarse las causas. El Apple Watch Series 4 *vigila tu corazón y te avisa de cualquier irregularidad del ritmo cardiaco. Eso te permitirá actuar de inmediato y acudir a tu médico.*

Los datos de tu frecuencia cardiaca y otras informaciones obtenidas a través de tus apps de salud y fitness quedan recogidos en la Health App *de tu* iPhone. *De un solo vistazo puedes consultar tu resumen de actividad física, sueño, atención y alimentación. Nunca antes habías cuidado tu salud así.*

Con la Health App *es muy fácil hacer un seguimiento de tu salud, y así no tardarás en alcanzar tus metas.*

TECHNOPHORIA

Sara entornó los ojos para contemplar el sol que acababa de salir por detrás de las dunas. Sobre el desierto flotaba una neblina húmeda que, al recibir la luz, se fragmentaba en incontables cristalitos brillantes. También soplaba una brisa que metía la arena en los ojos, pero Sara pudo distinguir perfectamente la estampa que se dibujaba poco a poco entre la bruma: el canal por el que, con un pulso regular, fluía el agua del Mediterráneo; allí estaban el nuevo mar de Qattara, las incontables granjas eólicas al oeste, el resplandor del parque de energía solar, las refulgentes fachadas de los rascacielos... Unos cuantos coches deportivos eléctricos, marca Laraki, pasaron a toda velocidad por la autopista que conducía hacia los bosquecillos de olivos plantados por los trabajadores nómadas griegos; más allá se oía el rumor del tren de alta velocidad, el Transafricano, en dirección a El Alamein... En otro lado, una villa nueva que se había construido el dueño de una empresa de energía solar de Níger... paneles solares de color oscuro... arena tan fina como el polvo, palmeras... algún yate blanco aquí y allá... Al fondo del todo, los mástiles de las torres de ventilación que abastecían de oxígeno a las granjas de servidores instaladas bajo el agua a muchísimos metros de profundidad... las imponentes instalaciones desalinizadoras... la majestuosa central de energía hidráulica en la desembocadura del canal... el panel luminoso que indicaba el nivel de los océanos del planeta en todo momento... Ni siquiera el cambio climático era imparable. ¡Tecnología! Todo se podía cambiar. Imparable no había nada. En una charca de desahogo de la presión del agua saltaban unas ranas, y allí hasta las ranas parecían de oro, ¿o no? Algo centellea al sol de la mañana, ahí...

¿Qué ponía la pintada de aquel muro?

DIOS ESTÁ MU MAL.

Enviado desde mi iPhone

CRÉDITOS FOTOGRÁFICOS

Apple: p. 297
Archivo del autor: pp. 20, 231
Fotografía AVEX International: p. 67
Frankfurter Allgemeine Zeitung GmbH: p. 18
Google: p. 129
Hostex: p. 57
Iris van Herpen: p. 158
Ivo Goetz: pp. 240, 284
Niklas Maak: pp. 32, 82, 122, 125, 137, 177, 214, 237, 246
Niklas Maak y Julian Meisen: pp. 78, 272
imageBROKER.com GmbH & Co. KG / Alamy Stock Photo: p. 279

REFERENCIAS DE LOS TEXTOS CITADOS

Las citas de la página 184 están tomadas de una entrevista con Jean Ziegler (Gerald Demmel, Jean Ziegler: «Las grandes multinacionales tienen más poder del que jamás tuvieran un emperador o un rey», en: Kontrast.at, 18.4.2019)

El diálogo de las páginas 252 a 256 de la novela original fue producido por un chatbot.

Página 296-297: traducción del texto publicitario de Apple (Apple Watch Series 4).

Vegueta simboliza el oasis cultural que florece en el cruce de caminos. Con el pie en África, la cabeza en Europa y el corazón en Latinoamérica, el barrio fundacional de Las Palmas de Gran Canaria ha sido un punto de llegada y partida y muestra una diversidad atípica por la influencia de tres continentes, el intercambio de conocimiento, la tolerancia y la riqueza cultural de las ciudades que miran hacia el horizonte. Desde la editorial deseamos ahondar en los valores del barrio que nos da el nombre, impulsar el conocimiento, la tolerancia y la diversidad poniendo una pequeña gota en el océano de la literatura y del saber.

Estamos eternamente agradecidos a nuestros lectores y esperamos que disfruten de este libro tanto como nosotros con su edición.